U0174185

模具设计丛书

注射模机构典型结构设计及实例解析

常芳娥 董芃凡 冯 浩 坚增运 著

机 械 工 业 出 版 社

本书分为 2 篇，第 1 篇共 5 章，介绍了注射模几大机构的典型结构。包括注射模浇口自动脱落机构及热流道的典型结构、注射模定距分型机构典型结构、注射模侧抽芯机构典型结构、注射模顶出机构典型结构、注射模冷却系统及典型结构。这些结构全部来自生产实际和作者从事模具设计近 40 年的经验总结。第 2 篇介绍了 20 套注射模的典型结构实例，并对其中 10 套模具的设计思路进行了详细解析，对另外 10 套模具的设计思路做了简要解析。

本书可供从事塑料模具设计、高分子材料成形工艺的技术人员参考，也可以作为大专院校模具专业、高分子材料与工程专业师生的参考书。

图书在版编目（CIP）数据

注射模机构典型结构设计及实例解析/常芳娥等著. —北京：机械工业出版社，2020.12（2024.8 重印）

（模具设计丛书）

ISBN 978-7-111-66955-5

Ⅰ.①注… Ⅱ.①常… Ⅲ.①注塑-塑料模具-结构设计
Ⅳ.①TQ320.66

中国版本图书馆 CIP 数据核字（2020）第 230363 号

机械工业出版社（北京市百万庄大街 22 号　邮政编码 100037）
策划编辑：孔 劲　责任编辑：孔 劲　王春雨
责任校对：刘雅娜　封面设计：马精明
责任印制：常天培
固安县铭成印刷有限公司印刷
2024 年 8 月第 1 版第 2 次印刷
184mm×260mm·9.5 印张·12 插页·240 千字
标准书号：ISBN 978-7-111-66955-5
定价：59.00 元

电话服务　　　　　　　　　　网络服务
客服电话：010-88361066　　机 工 官 网：www.cmpbook.com
　　　　　010-88379833　　机 工 官 博：weibo.com/cmp1952
　　　　　010-68326294　　金 书 网：www.golden-book.com
封底无防伪标均为盗版　机工教育服务网：www.cmpedu.com

前言

模具工业是制造业的一项基础产业，是技术成果转化的基础，同时本身又属于高新技术产业的重要领域，在工业发达国家被称为"点铁成金"的"磁力工业"。从20世纪80年代以来，我国模具工业发展迅速，年均增长速度接近13%。其中塑料模具占30%以上，而塑料注射模占整个塑料模具的50%以上。随着我国电子和汽车行业的飞速发展，在未来的塑料模具市场中，注射模仍将在塑料模具中占主导地位。

注射模的结构是塑料模具中最复杂的一种。主要由浇注系统、成型部分（重点是侧抽芯机构）、导向机构、顶出机构和冷却系统组成。大多数情况下，由于浇注系统和模具结构的要求，还会有二次分型机构（定距分型机构）。由于制件结构和技术要求不同，注射模结构中的各个机构也会随之变化。

本书分两篇详细介绍了注射模各个机构的典型结构，并对20套注射模具典型实例进行了解析。

第1篇共分5章，第1章为浇口自动脱落机构及热流道典型结构设计。浇注系统是注射模结构中非常重要的组成部分，当采用点浇口或潜伏式浇口时，模具结构必须设计浇口自动脱落机构来提高生产效率，本章介绍了19种浇口自动脱落机构典型结构。热流道浇注系统因具有成型效率高、节省原材料、节省人力、自动化程度高、成型制品质量高和可成型较大型深腔尺寸塑料制品等诸多优点而逐渐被广泛使用，本章介绍了24种热流道浇注系统典型结构。

第2章为定距分型机构典型结构设计。当浇注系统采用点浇口时需要二次分型才能将浇口和制件脱出模具，第一次分型脱出浇注系统，第二次分型脱出制件。在第一次分型脱出浇注系统时需要根据浇注系统的尺寸确定分型距离，因而当注射模中采用点浇口时，在第一次分型脱出浇口时必须有定距分型机构。当模具只有一次分型时，因机床、模具结构等要求有时也需要定距分型。本章介绍了25种定距分型机构典型结构。

第3章为侧抽芯机构典型结构设计。成型部分是注射模具的核心，大多数模具会有侧抽芯机构，而侧抽芯机构是成型部分的重点和难点，巧妙而合理地设计侧抽芯机构会大大降低模具成本和提高模具寿命。本章介绍了68种侧抽芯机构典型结构。

第4章为顶出机构典型结构设计。顶出机构推出制件是注射成型过程中的最后一道工序。在任何正常情况下，顶出机构都要可靠地将成型的制件从模板一侧顶出，并在合模时确保其相关的顶出零件不与其他模具零件相干扰地回复到原来位置。故注射模设计时顶出机构的设计非常重要。本章介绍了57种顶出机构典型结构。

第5章为冷却系统设计及典型结构设计。塑料导热性差，冷却速度慢，在成型过程中由于模具不断被熔融塑料加热，模温升高，单靠模具本身自然散热不能使模具保持较低温度，因此必须加冷却系统。

　　第 2 篇介绍了 20 套注射模典型实例，6.1 节对 10 套典型实例的设计思路进行了详细解析。6.2 节对 10 套典型实例的设计思路进行了简单解析。

　　作者长期从事热加工成型模具设计的研究和教学工作，总结多年来在生产一线从事模具设计的心得并著写成书是作者多年的愿望。为此，作者梳理了 30 多年的实践经验和教学经验，写作了本书。

　　本书可供从事注射模设计的技术人员参考，也可作为高等院校模具专业师生的参考书。

　　本书得到了西安工业大学专项资金的资助。在本书出版过程中，西安航空制动科技有限公司教授级高级工程师郭永兴、陕西航空电气有限责任公司高级工程师白春花提供了大量素材并提出了很多宝贵意见，在此一并表示衷心的感谢。

　　由于作者水平有限，书中难免存在缺点和错误，希望广大读者批评指正。

常芳娥
于西安

目录

前言

第 1 篇　　注射模机构典型结构设计

第 2 篇　　实　例　解　析

第1篇　注射模机构典型结构设计

第1章

浇口自动脱落机构及热流道典型结构设计

1.1 点浇口自动脱落机构典型结构设计

浇注系统是注射模结构中非常重要的组成部分之一，其主要作用是通过注射压力把塑料熔体平稳地注入型腔的各个部位，形成完整、无缺陷、合格的塑料制件。点浇口的浇口截面积很小，一般直径为0.5~1.5mm，当熔体通过时，有很高的剪切速率和强烈的摩擦，使熔体温度稍有升高，黏度降低，流动性好，从而可获得外观清晰、表面光洁的制件。浇口在开模时被拉断，留下小圆点状痕迹，不明显，所以浇口可开在制件表面的任何位置，而不影响制件的外观，且还省去了浇口修整工序。另外，点浇口流程短，无拐角，排气条件好，易于成型。当一模多腔时，点浇口还能均衡各型腔的进料速度。由于点浇口具有以上诸多优点，故在注射模浇注系统中越来越多地被采用。

点浇口需要二次开型才能使浇注系统和制品脱出模具，第一次开型脱出浇注系统，第二次开型脱出制品。如果在第一次开型脱出浇注系统时，浇注系统不能完全从模具中脱出，则需要人工将浇注系统取下，这样则费时费力，生产效率低。若在模具中设计浇口自动脱落机构，在开型的过程中靠该机构将浇注系统脱出模具，则生产效率将大大提高。本节主要介绍点浇口自动脱落机构的典型结构。

图1-1所示为顶出式自动脱浇口机构。图1-1a为合模状态，图1-1b为自动脱浇口状态。开模时，定距分型机构使托板7与定模板8首先分型，主流道被带出定模板8，当开模至限位螺钉1的台阶面与推板2接触以后，继续开模，则推杆4、5将浇口从定模镶件3和托板7中顶出并自动落下。合模时，复位杆6使推杆4、5复位。

图1-2所示为托板式自动脱浇口机构。图1-2a为合模状态，图1-2b为自动脱浇口状态。开模时，由定距分型机构确保定模3与定模板5首先分型，拉料杆2将主流道从浇口套6内带出，当开模L距离时，限位螺钉1则带动托板4使浇口与拉料杆2脱离，同时拉断点浇口，使整个浇口自动落下。

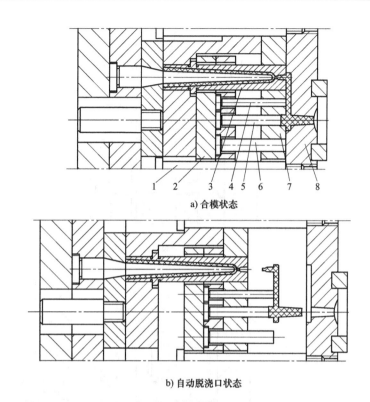

a) 合模状态

b) 自动脱浇口状态

图 1-1 顶出式自动脱浇口机构

1—限位螺钉 2—推板 3—定模镶件 4、5—推杆 6—复位杆 7—托板 8—定模板

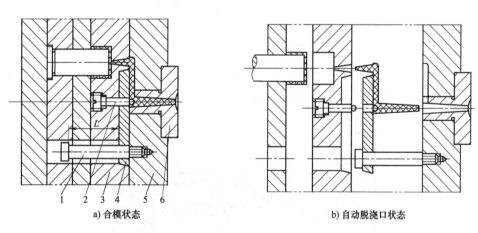

a) 合模状态

b) 自动脱浇口状态

图 1-2 托板式自动脱浇口机构

1—限位螺钉 2—拉料杆 3—定模 4—托板 5—定模板 6—浇口套

图 1-3 所示为斜窝式折损自动脱浇口机构。图 1-3a 为合模状态，图 1-3b 为自动脱浇口状态。开模时，定模 3 与定模板 4 首先分型，与此同时主流道被拉料杆 1 带出浇口套 5，分流道头部的小斜柱卡住分流道迫使其折损，而将点浇口拉断并带出定模 3。当限位螺钉 2 起限位作用时，主分型面分型，制品被带往动模，浇口脱开拉料杆而落下。

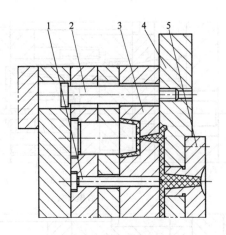

a) 合模状态

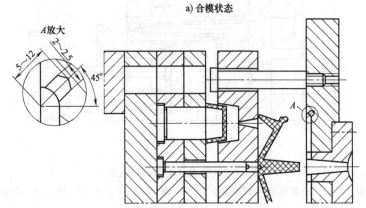

b) 自动脱浇口状态

图 1-3 斜窝式折损自动脱浇口机构

1—拉料杆 2—限位螺钉 3—定模 4—定模板 5—浇口套

图 1-4 所示为用于有液压顶出装置机床上的斜窝式自动脱浇口机构。图 1-4a 为合模状态，图 1-4b 为自动脱浇口状态。开模时，定模 6 与定模板 8 首先分型，点浇口被拉断，当

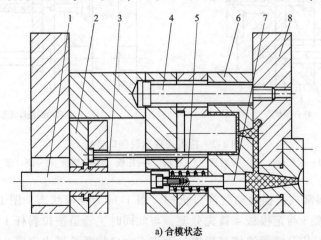

a) 合模状态

图 1-4 用于有液压顶出装置机床上的斜窝式自动脱浇口机构

1—顶杆 2—顶板 3、7—推杆 4—限位螺钉 5—弹簧 6—定模 8—定模板

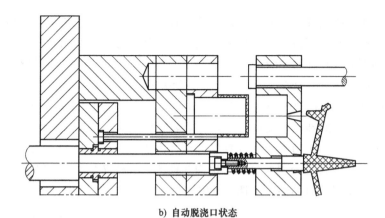

b) 自动脱浇口状态

图 1-4　用于有液压顶出装置机床上的斜窝式自动脱浇口机构（续）

限位螺钉 4 起作用后，定模 6 停止分型，而后主分型面分型，制品留于动模，与此同时推杆 7 及顶杆 1 被拉动，顶出时顶杆 1 及顶板 2 同时被顶动，推杆 3 将制品顶出，推杆 7 将浇口顶出（定模 6 应有限位机构）合模时弹簧 5 使顶杆 1 及推杆 7 复位。推杆 3 则由复位机构复位。使用此机构，应注意将开模距离调整准确，而且只能用于有液压顶出装置的机床上。

图 1-5 所示为托板式自动脱浇口机构。图 1-5a 为合模状态，图 1-5b 为自动脱浇口状态。

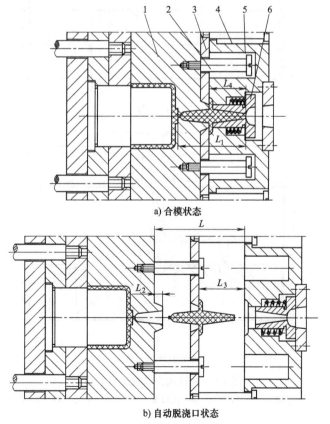

a) 合模状态

b) 自动脱浇口状态

图 1-5　托板式自动脱浇口机构

1—定模　2、4—限位螺钉　3—托板　5—定模板　6—浇口套

注射完毕，当机床喷嘴离开浇口套 6 后，弹簧便弹动浇口套 6 使主流道与浇口套 6 分离。在开模过程中，托板 3 与定模板 5 首先分型，主流道从浇口套 6 中脱出，当限位螺钉 4 起限位作用时，即分型至 L_3 距离时，托板 3 与定模 1 开始分型，继续开模，限位螺钉 2 带动托板 3 将浇口从定模 1 中拉出并自动落下。图 1-5 中，$L>L_1+L_2$，$L_3>L_4$。

图 1-6 所示为杠杆式自动脱浇口机构。图 1-6a 为合模状态，图 1-6b 为自动脱浇口状态。杠杆 7 以装在定模 1 中的轴 8 为支点，其另一端装有托盘 5。拉钩 9 装于动模一侧。开模时，由定距分型机构确保定模 1 与定模板 3 首先分型，由于拉料穴的作用，使主流道从浇口套 4 中脱出。继续开模，模具主分型面分型，拉钩 9 则拨动杠杆 7 使其绕轴 8 转动，于是托盘 5 将浇口从定模 1 中脱出并自动落下。图 1-6 中，$L>L_1$。

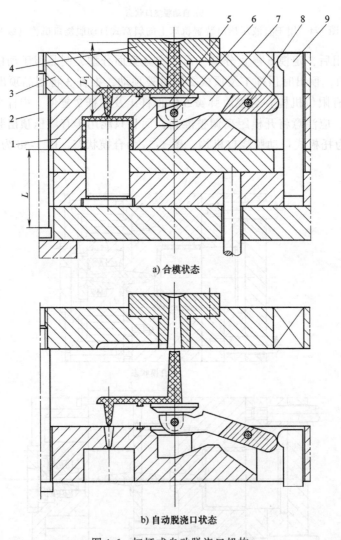

a) 合模状态

b) 自动脱浇口状态

图 1-6 杠杆式自动脱浇口机构

1—定模 2—限位螺钉 3—定模板 4—浇口套 5—托盘 6、8—轴 7—杠杆 9—拉钩

图 1-7 所示为拉杆式自动脱浇口机构。图 1-7a 为合模状态，图 1-7b 为自动脱浇口状态。开模时，定模 3 与托板 5 首先分型，点浇口由拉料杆 6 带出定模 3，当螺钉 1 起限位作用后，

则拉杆 2 带动限位螺钉 7 使托板 5 将主流道脱出浇口套。随后推杆 4 在弹簧 9 的作用下弹动浇口使其自动落下。推杆 4 直径应大于分浇道宽度。

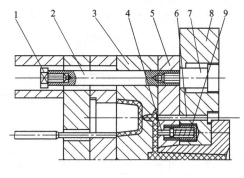

a) 合模状态

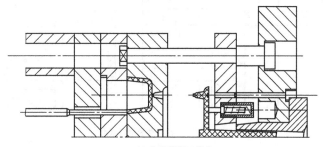

b) 自动脱浇口状态

图 1-7　拉杆式自动脱浇口机构

1—螺钉　2—拉杆　3—定模　4—推杆　5—托板　6—拉料杆　7—限位螺钉　8—定模板　9—弹簧

图 1-8 所示为拉钩式自动脱浇口机构。图 1-8a 为合模状态，图 1-8b 为开模状态，图 1-8c 为自动脱浇口状态。开模时，定模 2 与定模板 6 首先分型，由拉料杆 3 将主流道从浇口套 5 中带出，继续开模，则拉钩 4 将浇口从定模 2 中拉出。限位螺钉 1 用以限定第一次分型的距离，同时带动定模 2 进行第二次分型。

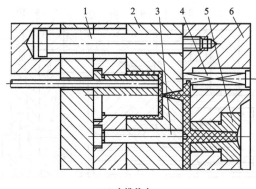

a) 合模状态

图 1-8　拉钩式自动脱浇口机构

1—限位螺钉　2—定模　3—拉料杆　4—拉钩　5—浇口套　6—定模板

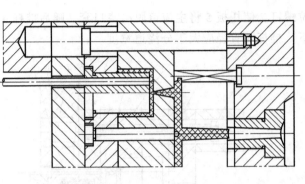

b) 开模状态

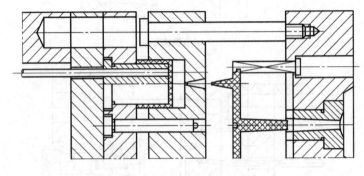

c) 自动脱浇口状态

图 1-8 拉钩式自动脱浇口机构（续）

图 1-9 所示为拉杆式自动脱浇口机构。图 1-9a 为合模状态，图 1-9b 为开模状态，图 1-9c 为自动脱浇口状态。开模时，在定距分型机构作用下浇口板 6 与托板 8 首先分型，浇口被拉料杆 7 拉断。当垫圈 3 及拉杆 4 起作用后，托板 8 将浇口从拉料杆 7 及浇口套 10 中脱出，此时定距分型机构打开、随后垫圈 1 及拉杆 2 使定模 5 及浇口板 6 停止分型，从而使主分型面分型，制品留于动模，由推杆将制品推出。

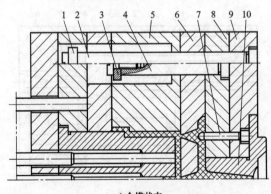

a) 合模状态

图 1-9 拉杆式自动脱浇口机构

1、3—垫圈 2、4—拉杆 5—定模 6—浇口板 7—拉料杆
8—托板 9—定模板 10—浇口套

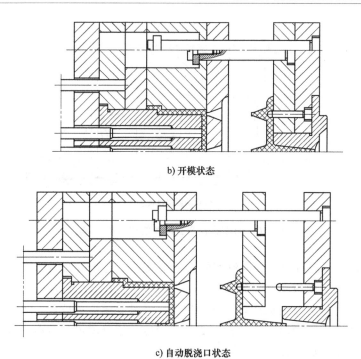

b) 开模状态

c) 自动脱浇口状态

图 1-9　拉杆式自动脱浇口机构（续）

图 1-10 所示为斜面式拉弯自动脱浇口机构。图 1-10a 为合模状态，图 1-10b 为开模状

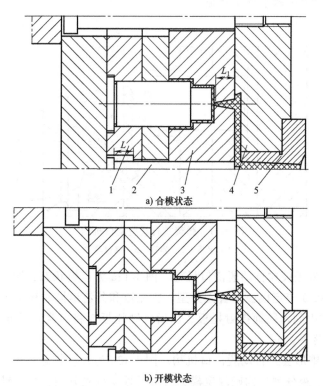

a) 合模状态

b) 开模状态

图 1-10　斜面式拉弯自动脱浇口机构

1—型芯固定板　2—拉料杆　3—定模　4—定模板　5—浇口套

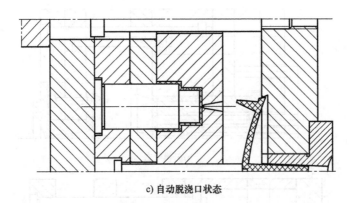

c) 自动脱浇口状态

图 1-10　斜面式拉弯自动脱浇口机构（续）

态，图 1-10c 为自动脱浇口状态。分流道的前部制成有一定倾角的斜面。开模时，由定距分型机构确保定模 3 与定模板 4 首先分型，点浇口被带出定模 3，同时拉料杆 2 随之滑动，继续开模，则拉料杆 2 将主流道从浇口套 5 中拉出，同时分流道被拉弯。当主分型面分型时将浇口从拉料杆上脱出并自动落下。拉料杆 2 的直径应大于分流道的宽度，以确保拉料杆 2 复位至闭模状态。图中，$L \geqslant L_1$。

　　图 1-11 所示为弹簧式自动脱浇口机构。注射成型时，注射机喷嘴前进顶住浇口套 3，弹簧 2 被压缩。成型后，注射机喷嘴后退，弹簧 2 推动浇口套 3 使主流道脱开浇口套，而留在定模。开模后，从定模中取下整个浇道。

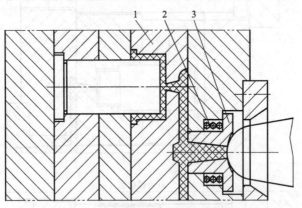

图 1-11　弹簧式自动脱浇口机构

1—定模　2—弹簧　3—浇口套

　　图为 1-12 所示为托板式自动脱浇口机构。图 1-12a 为合模状态，图 1-12b 为自动脱浇口状态。开模时，托板 3 与定模板 4 首先分型，主流道和分流道同时被带出定模板 4 和浇口套 5。当限位螺钉 1 的中间台阶面接触托板 3 以后，则托板 3 将点浇口从定模 2 中带出，随后浇口被取下或自动落下。

　　图 1-13 所示为锥形套式自动脱浇口机构。图 1-13a 为合模状态，图 1-13b 为自动脱浇口状态。开模时，由定距分型机构确保定模 2 与定模板 4 首先分型，由于锥形套 3 密配于定模板 4 中，因此将点浇口先从定模 2 中拉出。继续开模，则限位螺钉 5 将锥形套 3 带出定模板

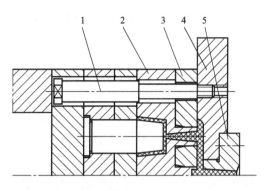

a) 合模状态

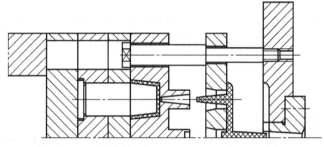

b) 自动脱浇口状态

图 1-12 托板式自动脱浇口机构

1—限位螺钉 2—定模 3—托板 4—定模板 5—浇口套

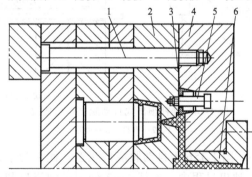

a) 合模状态

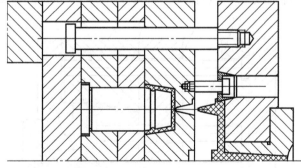

b) 自动脱浇口状态

图 1-13 锥形套式自动脱浇口机构

1、5—限位螺钉 2—定模 3—锥形套 4—定模板 6—浇口套

4，同时主流道从浇口套 6 中脱出。限位螺钉 1 用以限定第一次分型距离，同时带动定模 2 进行第二次分型。

1.2　潜伏式浇口自动脱落机构典型结构设计

前一节介绍了点浇口自动脱落机构，虽然点浇口有很多优点，但点浇口需要两次开型才能脱落浇注系统和制品，生产效率低，且模具结构复杂，制造成本高。潜伏式浇注系统可开设在制品的任何位置，浇口断面尺寸小，去除浇口不易损伤制品，而且只需要一次开型，模具结构简单，制造成本低，故当制品外观质量要求不是很高时被广泛采用。本节主要介绍潜伏式浇口自动脱落机构典型结构。

图 1-14～图 1-16 为推杆顶出式自动脱浇口结构。图 1-14a 为合模状态，图 1-14b 为自动脱浇口状态。顶出过程中，推杆 1、2 分别推动制品和浇口，并使浇口被型芯 3 切断与制品分离，继而浇口和制品被顶出。

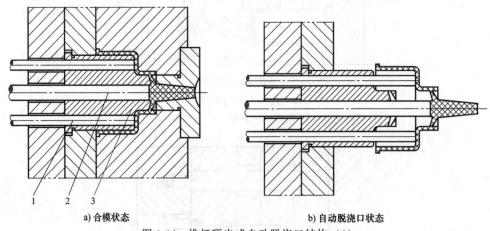

a) 合模状态　　　　　　　　　　　　b) 自动脱浇口状态

图 1-14　推杆顶出式自动脱浇口结构 （1）

1、2—推杆　3—型芯

图 1-15a 为合模状态，图 1-15b 为自动脱浇口状态。此例为潜伏式剪切式浇口，它是较为广泛采用的一种浇口。顶出过程中，推杆 1、2 分别推动浇口和制品，借动模 3 将浇口切断与制品分离，浇口和制品分别被顶出。图 1-15a 中，$L = 2 \sim 3\text{mm}$，$\alpha = 25° \sim 45°$。

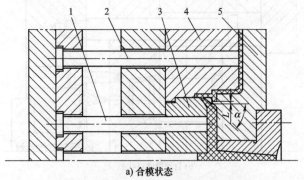

a) 合模状态

图 1-15　推杆顶出式自动脱浇口结构 （2）

1、2—推杆　3—动模　4—型芯　5—定模

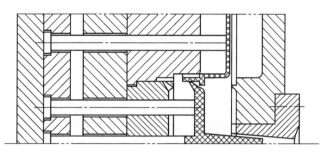

b) 自动脱浇口状态

图 1-15　推杆顶出式自动脱浇口结构（2）（续）

图 1-16a 为合模状态，图 1-16b 为自动脱浇口状态。此例为在推杆上开设附加浇口的潜伏式浇口，在顶出过程中，推杆 2、3 从动模 4 中推出制品和浇注系统的同时将浇口与制品分离，浇口自动脱下。

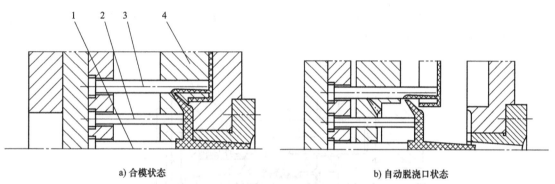

a) 合模状态　　　　　　　　　　　　　　　　b) 自动脱浇口状态

图 1-16　推杆顶出式自动脱浇口结构（3）

1~3—推杆　4—动模

图 1-17 所示为差动式推杆顶出自动脱浇口结构。图 1-17a 为合模状态，图 1-17b 为一次顶出状态，图 1-17c 为二次顶出状态。顶出过程中，先由推杆 2 推动制品将浇口切断与制品分离，当顶动 L 距离后，限位圈 4 被推动，从而使推杆 3 推动浇口，最终制品和浇口被顶出型腔。采用此种二次顶出方式可以克服一次顶出方式可能产生的使浇口拉伸的现象，从而有利于浇口的顶出。

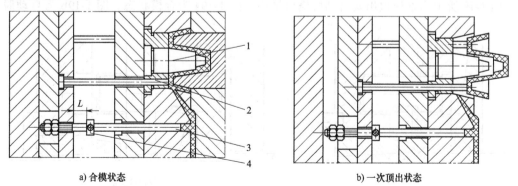

a) 合模状态　　　　　　　　　　　　　　　　b) 一次顶出状态

图 1-17　差动式推杆顶出自动脱浇口结构

1—型芯　2、3—推杆　4—限位圈

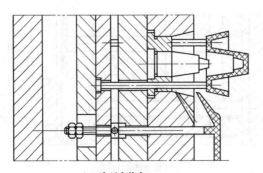

c) 二次顶出状态

图 1-17　差动式推杆顶出自动脱浇口结构（续）

图 1-18 所示为剪切式切断浇口自动脱浇口结构。注射完毕后，机床喷嘴后退，浇口套 4 被弹簧 5 推动，使主流道与浇口套 4 分离。开模时，弹簧 2 推动剪切块 3，浇口则被剪切块 3 的刃口切断。剪切块 3 的移动量由限位螺钉 1 控制。

应当指出，弹簧 2 应具有足够的弹力。这种剪切式浇口，可省掉去浇口的工序，当制品允许有残留浇口存在更适合采用。

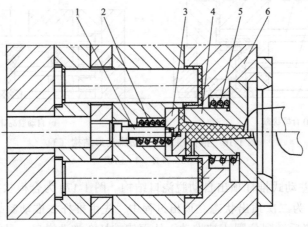

图 1-18　剪切式切断浇口自动脱浇口结构

1—限位螺钉　2—弹簧　3—剪切块　4—浇口套　5—弹簧　6—定模

图 1-19 所示为推板顶出式自动脱浇口结构。图 1-19a 为合模状态，图 1-19b 为自动脱浇

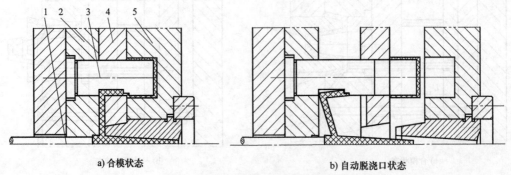

a) 合模状态　　　　　　　　　　　　　　　　　　**b) 自动脱浇口状态**

图 1-19　推板顶出式自动脱浇口结构

1— 推杆　2—型芯固定板　3—型芯　4—推板　5—定模

口状态。开模时，定模 5 与推板 4 首先分型，制品被带往动模。顶出时，推板 4 首先移动，并与型芯 3 共同将浇口切断，然后，推杆 1 将浇口从型芯固定板 2 中顶出并自动落下。

1.3　热流道典型结构设计

热流道模具（无浇道模具）因具有成型效率高、节省原材料、节省人力、自动化程度高、成型制品质量高和可成型较大型深腔尺寸塑料制品等诸多优点而被使用得日渐广泛。

使用热流道模具生产对材料有以下性能要求：

1）材料对温度的反应迟钝，熔融温度范围宽，黏度变化小、即使低温下流动性也好，不因受热而发生分解。

2）材料对压力敏感，也就是说不加注射压力不流动，必要时在极低压力下就会开始流动。

3）热变形温度高，在高温时有充分流动的性能。

4）导热性能良好，能把熔体所带热量快速传给模具，加速材料凝固。

5）尽量采用比热容小的材料，使材料熔化和凝固快。

热流道模具种类很多，本节主要介绍几种常用热流道典型结构设计。

图 1-20 所示为外热式延伸喷嘴（塑料层隔热）结构。

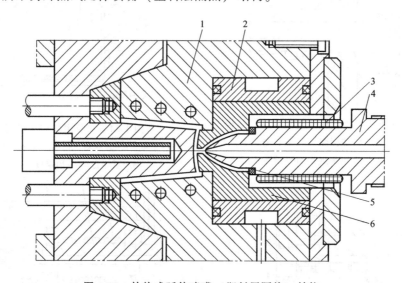

图 1-20　外热式延伸喷嘴（塑料层隔热）结构
1—定模板　2—冷却套　3—电加热器　4—喷嘴　5—隔热密封垫圈　6—浇口套

图 1-21 所示为内热式延伸喷嘴（塑料层隔热）结构。

图 1-22 所示为外热式延伸喷嘴（空气隔热）结构。

图 1-23 所示为半外热式延伸喷嘴（空气隔热）结构。

图 1-24 所示为双腔用延伸式喷嘴结构。

图 1-25 所示为单腔用延伸式喷嘴结构。

图 1-26 所示为外热式筒形集流腔热流道结构。

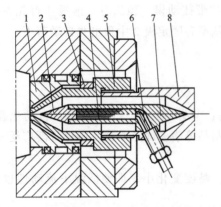

图 1-21　内热式延伸喷嘴（塑料层隔热）结构

1—浇口套　2—分流梭头　3—密封圈　4—电加热器
5—喷嘴　6—金属软管组件　7—分流梭　8—喷嘴接头

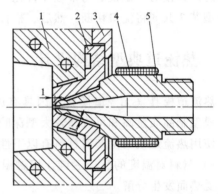

图 1-22　外热式延伸喷嘴（空气隔热）结构

1—定模板　2—浇口套　3—定位圈
4—电加热器　5—喷嘴

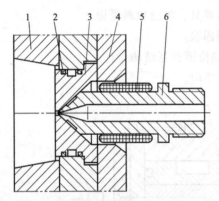

图 1-23　半外热式延伸喷嘴（空气隔热）结构

1—定模板　2—密封圈　3—浇口套
4—定位圈　5—电加热器　6—喷嘴

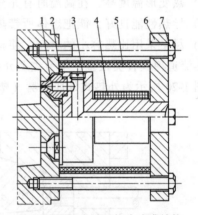

图 1-24　双腔用延伸式喷嘴结构

1—喷嘴　2—隔热垫　3—集流腔板　4—电加热器
5—隔热套　6—固定板　7—螺栓

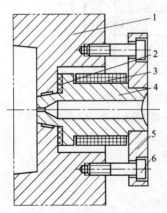

图 1-25　单腔用延伸式喷嘴结构

1—定模　2—隔热垫　3—电加热器
4—喷嘴　5—固定板　6—螺钉

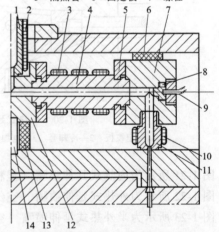

图 1-26　外热式筒形集流腔热流道结构

1、11—喷嘴　2、3、10—电加热器
4、7、12—集流块　5—压紧块　6、13—隔热垫块
8、14—定位销　9—热电偶

图 1-27 所示为外热式热流道结构。

图 1-28 所示为喷嘴无加热装置外热式热流道结构。

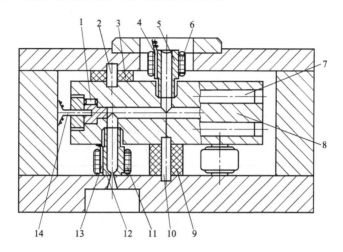

图 1-27　外热式热流道结构

1、2、10—定位销　3、9—隔热垫块　4、13、14—热电偶
5—浇口套　6、7、11—电加热器　8—集流腔板　12—喷嘴

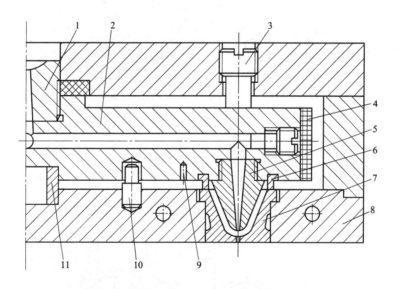

图 1-28　喷嘴无加热装置外热式热流道结构

1、7—浇口套　2—集流腔板　3—固紧螺钉　4—电加热器　5—喷嘴　6—密封圈
8—模板　9—热电偶孔　10—安全支柱　11—定位圈

图 1-29 所示为内外加热复合式热流道结构。

图 1-30 所示为半隔热内热式喷嘴热流道结构。

图 1-31 所示为半隔热外热式喷嘴热流道结构。

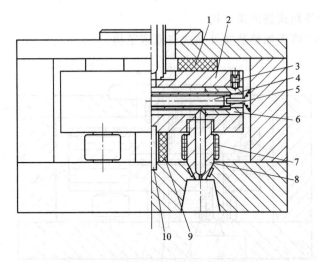

图 1-29　内外加热复合式热流道结构

1、9—隔热垫块　2—集流腔板　3—止动螺钉　4—电加热棒　5—加热管

6—堵头　7—电加热器　8—喷嘴　10—定位销

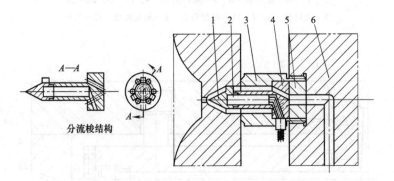

图 1-30　半隔热内热式喷嘴热流道结构

1—分流梭头　2—电加热器　3—喷嘴　4—分流梭　5—支撑盘　6—集流腔板

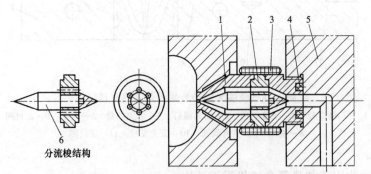

图 1-31　半隔热外热式喷嘴热流道结构

1—喷嘴头　2—分流梭　3—电加热器　4—密封圈　5—集流腔板　6—分流梭头

图 1-32 所示为全隔热内热式喷嘴热流道结构。

图 1-33 所示为塑料层隔热全隔热外热式喷嘴热流道结构。

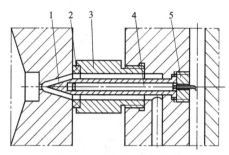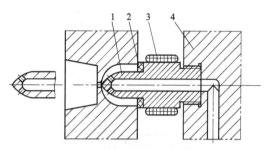

图 1-32　全隔热内热式喷嘴热流道结构
1—加热探针　2—密封隔热圈　3—喷嘴
4—电加热器　5—螺塞

图 1-33　塑料层隔热全隔热外热式喷嘴热流道结构
1—喷嘴　2—密封隔热圈　3—电加
热器　4—集流腔板

图 1-34 所示为空气隔热半隔热内热式喷嘴热流道结构。

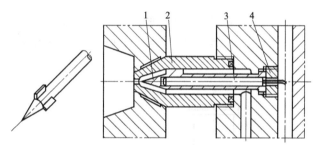

图 1-34　空气隔热半隔热内热式喷嘴热流道结构
1—加热探针　2—喷嘴　3—电加热器　4—螺塞

图 1-35 所示为拉板式防流涎装置热流道结构。图 1-35a 为开启状态，图 1-35b 为密封状态。

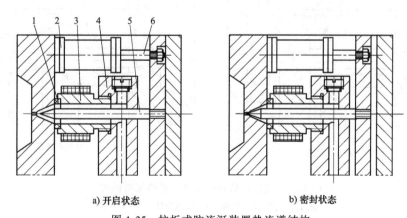

a) 开启状态　　　　　b) 密封状态

图 1-35　拉板式防流涎装置热流道结构
1—密封隔热圈　2—液压（或气）缸　3—喷嘴　4—集流腔板　5—探针　6—活塞杆

图 1-36 所示为杠杆式防流涎装置热流道结构。图 1-36a 为开启状态，图 1-36b 为密封状态。

图 1-37 所示为齿轮齿条式防流涎装置热流道结构。图 1-37a 为开启状态，图 1-37b 为密封状态。

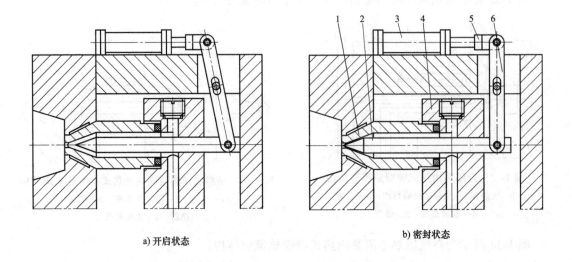

a) 开启状态   b) 密封状态

图 1-36 杠杆式防流涎装置热流道结构

1—喷嘴 2—加热探针 3—液压（或气）缸 4—集流腔板 5—连接头 6—杠杆

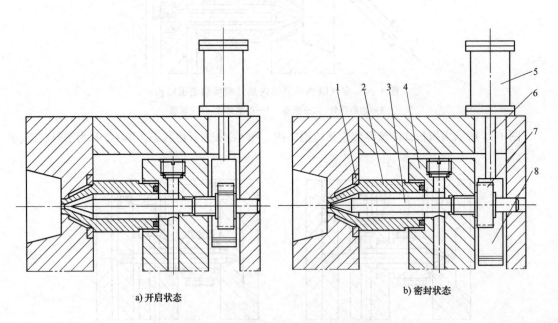

a) 开启状态   b) 密封状态

图 1-37 齿轮齿条式防流涎装置热流道结构

1—密封隔热圈 2—喷嘴 3—加热探针 4—集流腔板
5—液压（或气）缸 6—活塞杆 7—齿轮 8—齿条

图 1-38 所示为楔块式防流涎装置热流道结构。图 1-38a 为开启状态，图 1-38b 为密封状态。

图 1-39 所示为斜槽式防流涎装置热流道结构。图 1-39a 为开启状态，图 1-39b 为密封状态。

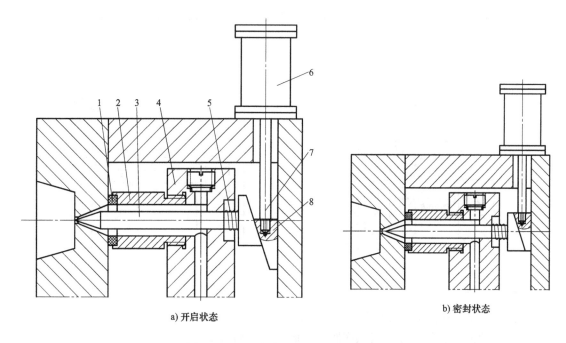

a) 开启状态　　　　　　　　　　　　b) 密封状态

图 1-38　楔块式防流涎装置热流道结构

1—密封隔热圈　2—喷嘴　3—加热探针　4—集流腔板　5—弹簧　6—液压（或气）缸　7—活塞块　8—楔块

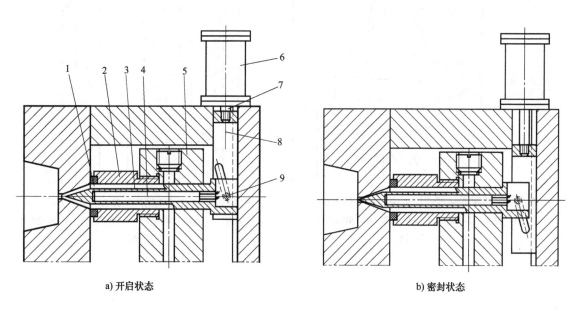

a) 开启状态　　　　　　　　　　　　b) 密封状态

图 1-39　斜槽式防流涎装置热流道结构

1—密封隔热圈　2—喷嘴　3—加热探针　4—电加热器　5—集流腔板
6—液压（或气）缸　7—活塞杆　8—斜槽导板　9—圆柱销

　　图 1-40～图 1-43 所示为热膨胀使喷嘴产生偏心的补偿方法。利用喷嘴与模板沿 *A* 面相对滑动补偿集流腔板热膨胀产生的偏心，如图 1-40 所示。

利用集流腔板与喷嘴沿 A 面相对滑动补偿集流腔板热膨胀产生的偏心，如图 1-41 所示。

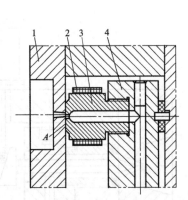

图 1-40 热膨胀使喷嘴产生偏心的补偿方法（1）

1—模板　2—电加热器　3—喷嘴　4—集流腔板

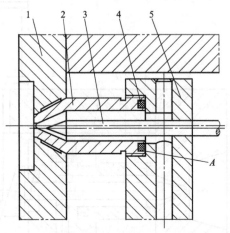

图 1-41 热膨胀使喷嘴产生偏心的补偿方法（2）

1—模板　2—喷嘴　3—加热探针　4—密封圈　5—集流腔板

利用补偿值 l 补偿集流腔板热膨胀产生的偏心，如图 1-42 所示。

利用浮动间隙补偿集流腔板热膨胀产生的偏心，如图 1-43 所示。

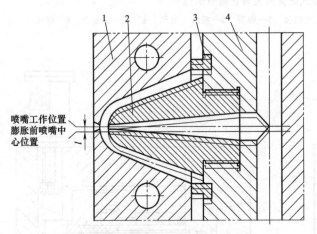

图 1-42 热膨胀使喷嘴产生偏心的补偿方法（3）

1—模板　2—喷嘴　3—密封圈　4—集流腔板

l—补偿值

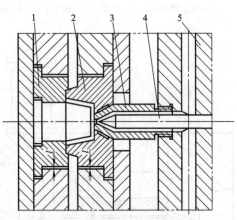

图 1-43 热膨胀使喷嘴产生偏心的补偿方法（4）

1—动模　2—定模　3—喷嘴　4—加热探针　5—集流腔板

l—浮动间隙

第2章

<<<<<<<<

定距分型机构典型结构设计

在第1章中我们已介绍过，点浇口由于有诸多优点而被广泛采用。但点浇口需要二次分型才能将浇注系统和制品脱出模具，第一次分型脱出浇注系统，第二次分型脱出制品。在第一次分型脱出浇注系统时需要根据浇注系统的尺寸确定分型距离，分型距离应大于浇注系统的高度，因此在注射模具中如果采用点浇口，则在第一次分型脱出浇注系统时必须有定距分型机构。当模具只有一次分型时，因机床、模具结构等要求有时也需要定距分型。本章将介绍定距分型机构的典型结构。

2.1 滑块式定距分型机构典型结构设计

图2-1~图2-4所示为滑块式定距分型机构。图2-1a为合模状态，图2-1b为开模状态。

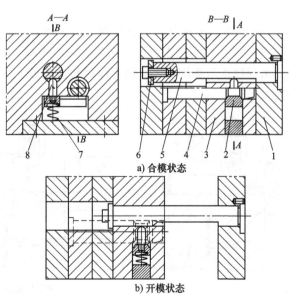

a) 合模状态

b) 开模状态

图2-1 滑块式定距分型机构（1）

1、3—模板 2—滑块 4、5—导柱 6—垫圈 7—弹簧 8—顶销滑块 2 装于模板 3 上，并可在其槽中滑动，滑块 2 的斜面与导柱 4 的槽相配。开模时，模板 3 处于闭锁状态，因此模板 3 与模板 1 首先分型，当导柱 5 拨动顶销 8 使滑块 2 脱开导柱 4 后，导柱 5 及垫圈 6 起定距限位作用，从而使主分型面分型。此种机构用于导柱安排具有局限性的注射模，因此一般只用于小型模具定距分型。

图 2-2a 为合模状态，图 2-2b 为开模状态。开模时，由于挂钩 2 钩住滑块 3，因此模板 5 与模板 7 首先分型。随后拨杆 1 拨动滑块 3 内移而脱开挂钩 2，由于限位螺钉 6 的定距限位作用，使主分型面分型。此种机构可用于各种定距分型场合。

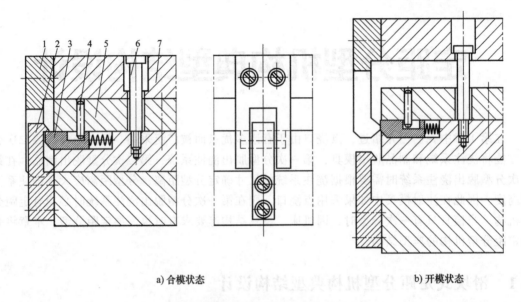

a) 合模状态   b) 开模状态

图 2-2 滑块式定距分型机构（2）

1—拨杆 2—挂钩 3—滑块 4—限位销 5、7—模板 6—限位螺钉

图 2-3a 为合模状态，图 2-3b 为开模状态。开模时，由于滑块 5 在弹簧 4 作用下伸入动模 1 的凹槽中，使其与定模 6 处于闭锁状态，因此定模 6 与定模板 7 首先分型。随后拨块 2 拨动滑块 5 脱出动模 1，由导柱 3 与拨块 2 组成的定距限位装置使主分型面分型。此种机构适用于各种场合的定距分型。

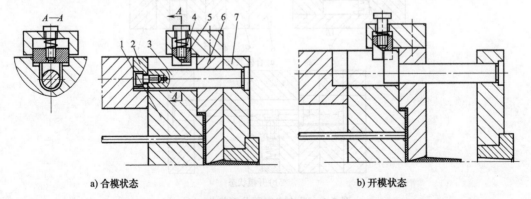

a) 合模状态   b) 开模状态

图 2-3 滑块式定距分型机构（3）

1—动模 2—拨块 3—导柱 4—弹簧 5—滑块 6—定模 7—定模板

图 2-4a 为合模状态，图 2-4b 为开模状态。开模时，由于挂钩 1 与滑块 5 借助弹簧 3 的作用处于钩锁状态，因此模板 4 与模板 6 首先分型。当拨杆 2 拨动滑块 5 使其脱离挂钩 1 后，由定距限位装置的作用使主分型面分型。应当指出，本例中未示出模板的定距限位装置，应用时应予考虑。此种机构适用于各种定距分型场合。图中，$S>S_1$，$S_2>S_3$。

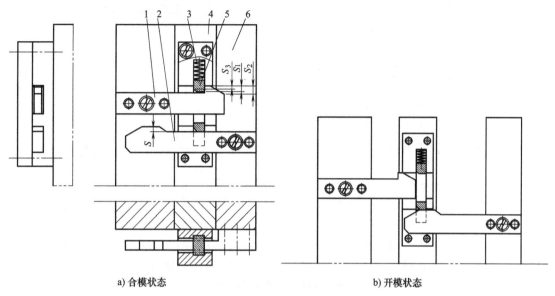

a) 合模状态　　　　　　　　　　　　　b) 开模状态

图 2-4　滑块式定距分型机构（4）

1—挂钩　2—拨杆　3—弹簧　4、6—模板　5—滑块

2.2　摆钩式定距分型机构典型结构设计

图 2-5～图 2-19 所示为摆钩式定距分型机构。图 2-5a 为合模状态，图 2-5b 为开模状态。开模时，摆钩 2 与模板 1 处于钩住状态，因此模板 5 与模板 7 首先分型。当拨杆 3 拨动摆钩 2 脱离模板 1 后，继续开模时，限位螺钉 4 限制模板 5 继续分型，从而使主分型面分型。合

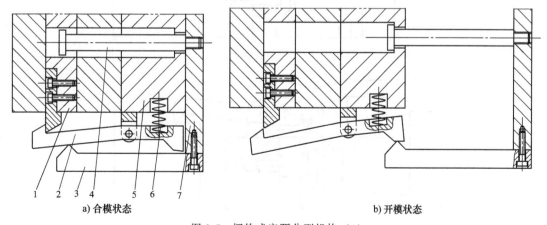

a) 合模状态　　　　　　　　　　　　　b) 开模状态

图 2-5　摆钩式定距分型机构（1）

1、5、7—模板　2—摆钩　3—拨杆　4—限位螺钉　6—弹簧

模后，弹簧6将摆钩弹回工作位置。此种机构适用于各种定距分型场合。

图2-6a为合模状态，图2-6b为开模状态。开模时，由于摆钩2与模板3处于钩住状态，因此模板1与模板3首先分型。继续开模，当拨杆4拨动摆钩2使其绕轴6转动而脱离模板3时，模板3在限位装置（图中未示出）作用下停止分型，从而使主分型面分型。合模后，摆钩2在拉簧5的作用下回至工作位置。此种机构适用于较短距离的定距分型。

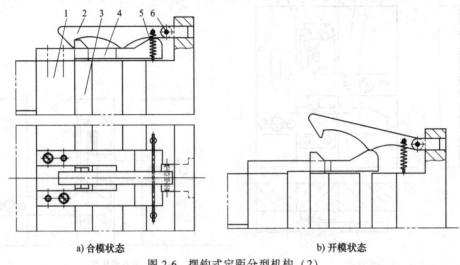

a) 合模状态   b) 开模状态

图 2-6 摆钩式定距分型机构（2）

1、3—模板 2—摆钩 4—拨杆 5—拉簧 6—轴

图2-7a为合模状态，图2-7b为开模状态。开模时，由于摆钩7与模板6处于钩住状态，

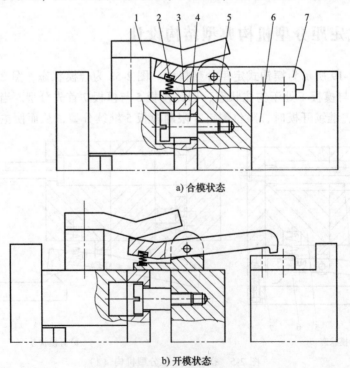

a) 合模状态

b) 开模状态

图 2-7 摆钩式定距分型机构（3）

1—拨杆 2—弹簧 3、5、6—模板 4—限位螺钉 7—摆钩

使模板 5 与模板 6 处于闭锁状态，因此模板 3 与模板 5 首先分型，继续开模，拨杆 1 拨动摆钩 7，弹簧 2 被压缩使摆钩 7 脱离模板 6，由于限位螺钉 4 的作用，模板 5 与模板 6 分型。此种机构适用于各种定距分型场合。

图 2-8a 为合模状态，图 2-8b 为开模状态。开模时，由于摆钩 2 钩住圆柱销 1，模板 5 与模板 7 首先分型。当拨杆 4 拨动摆钩 2 使其摆动脱开圆柱销 1 时，拨杆 4 被圆柱销 6 限位后，使主分型面分型。拉簧 3 使摆钩 2 钩紧圆柱销 1。此种机构适用于各种定距分型场合。

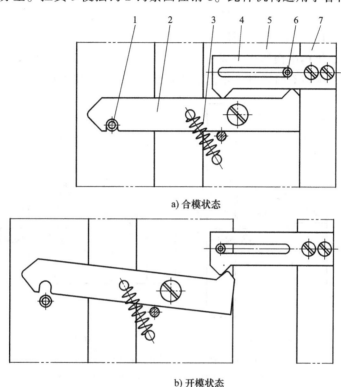

图 2-8　摆钩式定距分型机构（4）

1、6—圆柱销　2—摆钩　3—拉簧　4—拨杆　5、7—模板

图 2-9a 为合模状态，图 2-9b 为开模状态。开模时，由于摆钩 2 钩住模板 1，因此模板 6

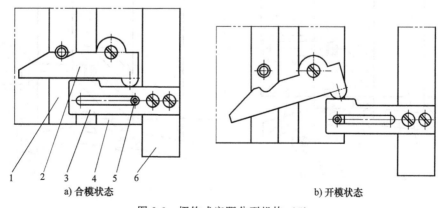

图 2-9　摆钩式定距分型机构（5）

1、4、6—模板　2—摆钩　3—拨杆　5—圆柱销

与模板 4 首先分型。当拨杆 3 拨动摆钩 2 使其摆动并脱开模板 1 后，由拨杆 3 及圆柱销 5 的定距限位作用，使主分型面分型。合模时，摆钩 2 靠自身重量自动复位进入闭模状态（必要时再加弹簧或其他装置使其复位）。摆钩 2 前端斜面的作用是当模板 6 与 4 先合模时，不会使摆钩 2 与模板 1 上的圆柱销相撞而发生干扰事故。此种机构较为简便，适用于各种定距分型场合。

图 2-10a 为合模状态，图 2-10b 为开模状态。开模时，由于拉簧 3 的作用，摆钩 4 与圆柱销 1 处于钩住状态，因此模板 5 与模板 7 首先分型。当分型至一定距离后，拨杆 2 拨动摆钩 4，使其脱开圆柱销 1，随后由拨杆 2 及圆柱销 6 的定距限位作用，模板 5 停止分型，从而使主分型面分型。机构中摆钩 4 与圆柱销 1 之间不存在转矩，加之拉簧 3 的作用，因此锁紧可靠。应注意在开模状态时拨杆 2 不能脱离摆钩 4。此种机构可用于各种定距分型场合。

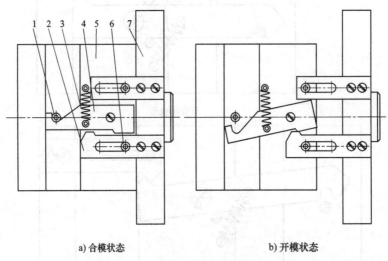

a) 合模状态   b) 开模状态

图 2-10 摆钩式定距分型机构（6）

1、6—圆柱销 2—拨杆 3—拉簧 4—摆钩 5、7—模板

图 2-11a 为合模状态，图 2-11b 为开模状态。开模时，由于摆钩 2 与模板 1 处于钩住状

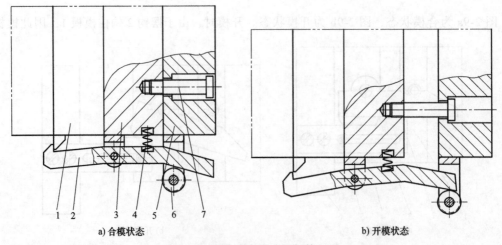

a) 合模状态   b) 开模状态

图 2-11 摆钩式定距分型机构（7）

1、3、5—模板 2—摆钩 4—弹簧 6—滚轮 7—限位螺钉

态，因此模板 3 与模板 5 首先分型。当开模至滚轮 6 拨动摆钩 2 脱离模板 1 后，继续开模时，由限位螺钉 7 限制模板 3 继续分型，从而使主分型面分型。合模后，弹簧 4 将摆钩 2 推回工作位置。

图 2-12a 为合模状态，图 2-12b 为开模状态。开模时，摆钩 3 与圆柱销 2 处于钩住状态，因此模板 4 与模板 6 首先分型，在此过程中，摆钩 3 因尾部斜槽的作用被圆柱销 5 拨动，而逐渐脱开圆柱销 2。随后由圆柱销 5 及摆钩 3 限制模板 4 和模板 6 继续分型，而使主分型面（模板 1 和模板 4）分型。应当指出，合模时一定要确保模板 1 与模板 4 先闭合，否则会发生事故。

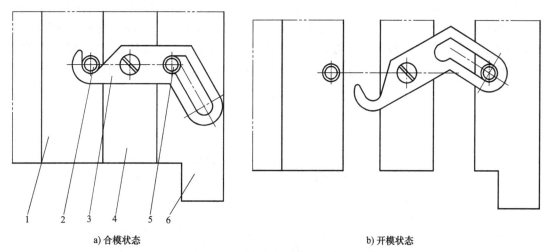

a) 合模状态　　　　　　　　　　　　　　　　b) 开模状态

图 2-12　摆钩式定距分型机构（8）

1、4、6—模板　2、5—圆柱销　3—摆钩

图 2-13a 为合模状态，图 2-13b 为开模状态。开模时，由于拉簧 2 的作用，摆钩 3 与圆柱销 5 处于钩住状态。这时在弹簧 7 的作用下，使模板 4 与模板 6 首先分型。当开模至 L 距

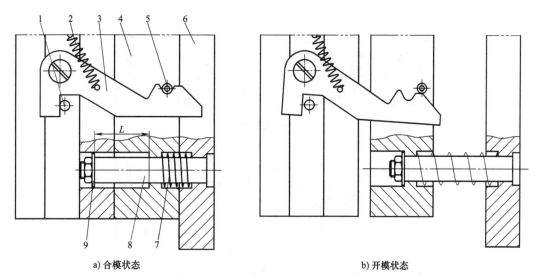

a) 合模状态　　　　　　　　　　　　　　　　b) 开模状态

图 2-13　摆钩式定距分型机构（9）

1、5—圆柱销　2—拉簧　3—摆钩　4、6—模板　7—弹簧　8—拉杆　9—垫圈

离后，由于拉杆 8 的限制，模板 4 和模板 6 停止分型，摆钩 3 则被强制脱开圆柱销 5，而使主分型面分型。圆柱销 1 的作用是限制摆钩 3 的位置，以使合模时不致发生干扰。应当指出，此种定距分型机构在无弹簧 7 的情况下单独使用是不可靠的，拉簧 2 必须有足够的拉力。

图 2-14a 为合模状态，图 2-14b 为第一次开模状态，图 2-14c 为第二次开模状态。开模时，摆钩 4 与圆柱销 2 处于钩住状态，因此模板 5 与模板 8 首先分型，完成第一次开模。在此过程中，圆柱销 7 沿拉板 6 的弯槽移动至一定位置时，摆钩 4 则脱开圆柱销 2。继续开模，由圆柱销 7 限制模板 5 继续分型，从而使主分型面（模板 1、模板 3 与模板 5）分型，完成第二次开模。合模时，若模板 1、模板 3 与模板 5 先闭合，模板 5 与模板 8 后闭合时，则摆钩 4 可顺利进入钩住状态；若模板 5 与模板 8 先闭合，而模板 1、模板 3 与模板 5 后闭合，则摆钩 4 上的圆柱销 7 可以进入拉板 6 的圆弧槽，使摆钩 4 进入钩住状态。摆钩前端的斜面应确保使摆钩 4 与圆柱销 2 不发生干扰。此机构可供长、短距离开模的各种场合应用。

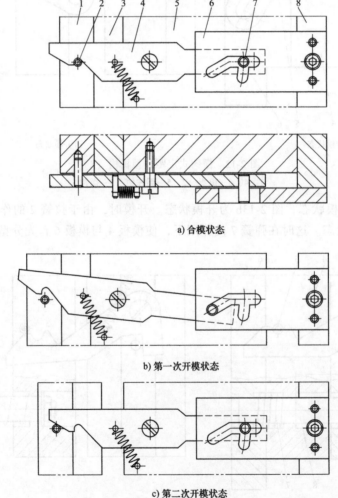

a) 合模状态

b) 第一次开模状态

c) 第二次开模状态

图 2-14 摆钩式定距分型机构（10）

1、3、5、8—模板 2、7—圆柱销 4—摆钩 6—拉板

图 2-15a 为合模状态，图 2-15b 为开模状态。开模时，由于摆钩 2 钩住圆柱销 5，因此模板 4 与模板 8 首先分型，当分型至一定距离后，挡块 7 脱离摆钩 2，随后拨杆 3 拨动摆钩 2 脱开圆柱销 5，由于圆柱销 6 及拨杆 3 的定距限位作用，模板 4 停止分型，从而使主分型面分型。圆柱销 1 在脱钩状态对摆钩 2 起限位作用以使合模顺利进行。应当指出，此种机构在合模时必须使主分型面首先分型，否则将发生干扰。此种机构适用于各种定距分型场合。

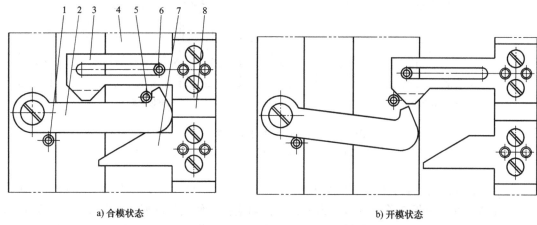

a) 合模状态　　　　　　　　　　　　b) 开模状态

图 2-15　摆钩式定距分型机构（11）

1、5、6—圆柱销　2—摆钩　3—拨杆　4、8—模板　7—挡块

图 2-16a 为合模状态，图 2-16b 为开模状态。开模时，由于摆钩 5 受挡板 4 限制而钩住滑块 2，因此使模板 3 与模板 1 首先分型。当摆钩 5 脱离挡板 4 限制后，弹簧 7 使其转动而脱开滑块 2，随后由垫圈 8 的限位作用而使主分型面分型。合模时，由摆钩 5 斜面推动滑块 2 内移，闭模后，弹簧将滑块 2 顶出至钩住状态。

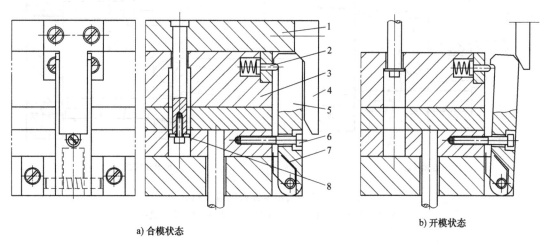

a) 合模状态　　　　　　　　　　　　b) 开模状态

图 2-16　摆钩式定距分型机构（12）

1、3—模板　2—滑块　4—挡板　5—摆钩　6—限位螺钉　7—弹簧　8—垫圈

图 2-17a 为合模状态，图 2-17b 为开模状态。开模时，由于摆钩 3 受弹簧 2 的作用与模板 6 处于钩住状态，因此模板 6 与模板 7 首先分型。当拉杆 5 上的凸块 1 挤动顶销 4 使其外移时，使摆钩 3 脱开模板 6，随后拉杆 5 与凸块 1 起定距限位作用，使主分型面分型。

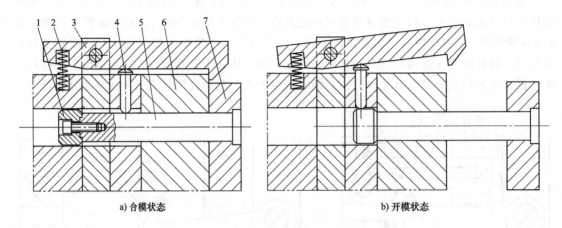

a) 合模状态   b) 开模状态

图 2-17 摆钩式定距分型机构（13）
1—凸块 2—弹簧 3—摆钩 4—顶销 5—拉杆 6、7—模板

图 2-18a 为合模状态，图 2-18b 为开模状态。开模时，由于摆钩 2 与模板 1 处于钩住状态，因此模板 6 与模板 7 首先分型，当螺钉 3 拉动摆钩 2 使其转动脱开模板 1 后，由限位螺钉 5 限位，使主分型面分型。合模后，弹簧 4 推动摆钩 2 回至闭模位置。应当指出，螺钉 3 与限位螺钉 5 的长度应协调，避免摆钩被拉坏。摆钩 2 前端的斜面应确定合模时不发生故障。

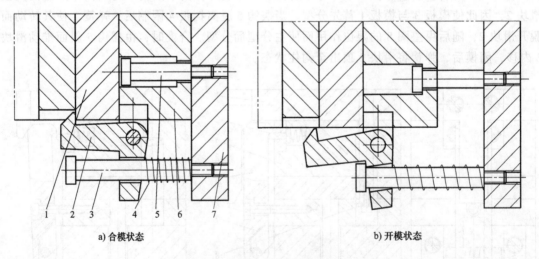

a) 合模状态   b) 开模状态

图 2-18 摆钩式定距分型机构（14）
1、6、7—模板 2—摆钩 3—螺钉 4—弹簧 5—限位螺钉

图 2-19a 为合模状态，图 2-19b 为开模状态。开模时，由于拉簧 5 的作用，摆钩 2 与凸块 1 处于钩住状态，因此定模 4 与定模板 6 首先分型。当分型至一定距离后，摆钩 2 被滚轮 3 拨动使其脱离凸块 1，随后由螺钉 7 及套筒 8 起定距限位作用，定模 4 停止分型，从而使主分型面分型。应当注意，滚轮 3 在开模状态时不能与摆钩 2 脱离接触，或对摆钩 2 的摆动加以限制。

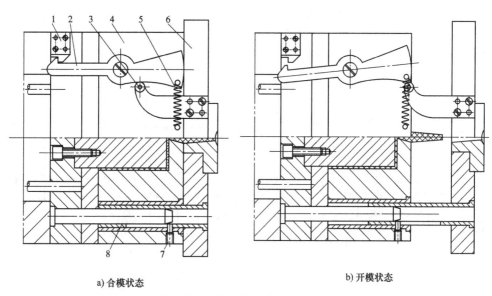

a) 合模状态   b) 开模状态

图 2-19 摆钩式定距分型机构（15）

1—凸块 2—摆钩 3—滚轮 4—定模 5—拉簧 6—定模板 7—螺钉 8—套筒

2.3 其他定距分型机构典型结构设计

图 2-20 所示为摆杆式定距分型机构。图 2-20a 为合模状态，图 2-20b 为开模状态。开模时，拨杆 3 拨动摆杆 6 摆动并顶动垫块 5（淬硬件），使模板 2 与模板 7 首先分型。随后由于限位螺钉 1 的限位作用，使主分型面分型。拉簧 4 在分型中起辅助作用，并应有足够的拉力以保证模板 7 与模板 2 最后合模，否则会因拨杆 3 与摆杆 6 发生干扰而无法合模。此种机构多用于二次顶出时的第一次顶出动作和定模推板顶出的场合。

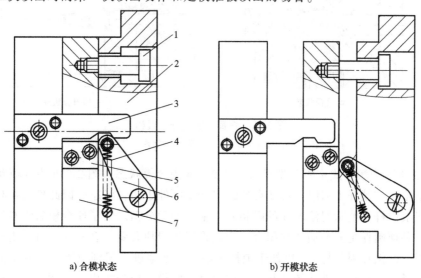

a) 合模状态   b) 开模状态

图 2-20 摆杆式定距分型机构

1—限位螺钉 2、7—模板 3—拨杆 4—拉簧 5—垫块 6—摆杆

图 2-21 所示为制动销式定距分型机构。图 2-21a 为合模状态，图 2-21b 为开模状态。开模时，由于制动销 5 在弹簧 4 作用下限制导柱 1 的移动，因此定模 3 与定模板 7 首先分型。当挡块 6 被导柱 2 限位后，导柱 1 强制移动，迫使制动销 5 移入孔内，使主分型面分型。此种机构只适用于小型模具的定距分型。

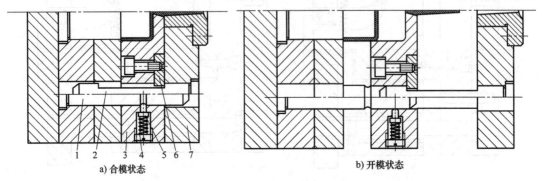

a) 合模状态   b) 开模状态

图 2-21   制动销式定距分型机构

1、2—导柱   3—定模   4—弹簧   5—制动销   6—挡块   7—定模板

图 2-22 所示为弹簧式定距分型机构。图 2-22a 为合模状态，图 2-22b 为开模状态。开模时，在弹簧 5 作用下定模 3 与定模板 4 首先分型。导柱 2 开有长槽，限位螺钉 1 头部伸进槽中起限位作用，使主分型面分型。此种机构较为常用。

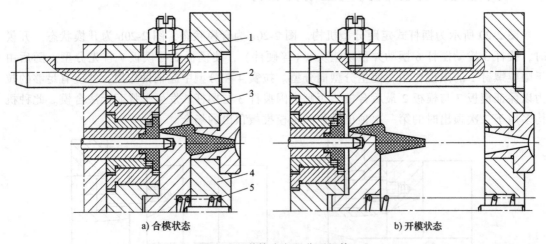

a) 合模状态   b) 开模状态

图 2-22   弹簧式定距分型机构

1—限位螺钉   2—导柱   3—定模   4—定模板   5—弹簧

图 2-23 所示为滚轮式定距分型机构。图 2-23a 为合模状态，图 2-23b 为开模状态。开模时，由于滚轮 3 被锁杆 1 与限位杆 2 夹持，主分型面处于闭合状态，因此模板 4 与模板 7 首先分型，当限位杆 2 消除对滚轮 3 的限制后，主分型面分型。为了使合模后恢复到闭模时的闭锁状态，必须确保主分型面首先闭合，为此设置了滑块装置。合模开始时，由于滑块 6 在弹簧 5 作用下，挡住限位杆 2，以便于锁杆 1 不受干涉地进入闭锁位置，主分型面闭合，与此同时推动滑块 6 移动，消除挡住状态，进而完成闭模。应当指出，本例中未示出模板的定距限位装置，应用时应予考虑。此种机构适用于各种定距分型场合。

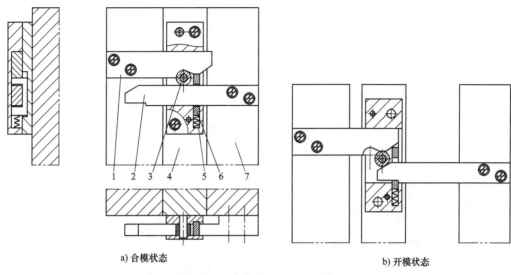

a) 合模状态　　　　　　　　　　　b) 开模状态

图 2-23　滚轮式定距分型机构

1—锁杆　2—限位杆　3—滚轮　4、7—模板　5—弹簧　6—滑块

图 2-24 所示为弹性套式定距分型机构。图 2-24a 为合模状态，图 2-24b 为开模状态。开

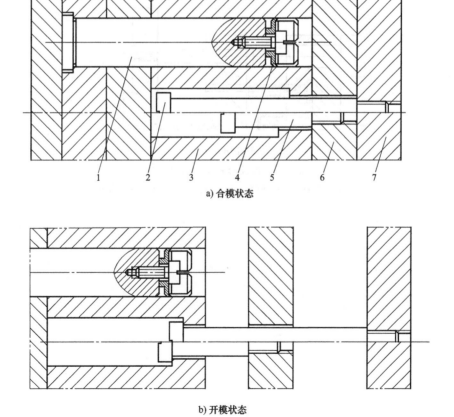

1　　2　　3　　4　　5　　6　　7

a) 合模状态

b) 开模状态

图 2-24　弹性套式定距分型机构

1—导柱　2、5—限位螺钉　3、6、7—模板　4—弹性套

模时，借助于装在导柱 1 上的弹性套 4 与模板孔的摩擦力迫使模板 3 与模板 6 首先分型，当限位螺钉 5 限位后，模板 6 与模板 7 分型，随后由限位螺钉 2 限位，使主分型面分型。此种机构一般适用于小型模具定距分型脱浇口。

图 2-25 所示为橡胶套式定距分型机构。图 2-25a 为合模状态，图 2-25b 为第一次开模状态，图 2-25c 为第二次开模状态。开模时，由于橡胶套 2 与定模 4 孔壁之间的摩擦力，而使定模 4 与定模板 5 首先分型。随后由限位螺钉 1 的定距限位作用，使主分型面分型。橡胶套 2 一般采用硬橡胶制作。螺钉 3 的锥面与橡胶套 2 的锥孔一致，拧动螺钉 3 可调节橡胶套 2 的胀力，达到调整其摩擦力的目的。此种机构一般用于小型模具的脱浇口定距分型。

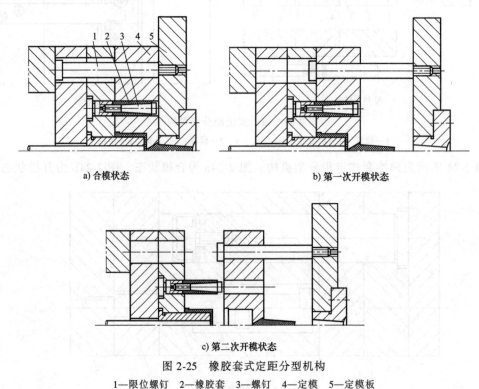

a) 合模状态   b) 第一次开模状态

c) 第二次开模状态

图 2-25 橡胶套式定距分型机构

1—限位螺钉 2—橡胶套 3—螺钉 4—定模 5—定模板

第 3 章

>>>>>>

侧抽芯机构典型结构设计

当塑料制品的分型面确定后，在制品上与开模方向成一定角度方向的内侧或外侧如果有凸台、侧孔或侧凹，就会对制件的开模或脱模形成障碍，要想使制件顺利开模或脱模，就必须在开模或脱模过程中或者在开模或脱模前在模具内侧或外侧开设侧抽芯机构将障碍排除。

设计侧抽芯机构时有两个非常重要的参数：拔出障碍的抽芯力和抽芯距离，根据这两个参数把侧抽芯机构分类为弹簧侧抽芯机构、斜拉杆侧抽芯机构、斜滑块侧抽芯机构、由斜滑块侧抽芯机构演变而来的斜推杆侧抽芯机构、齿轮齿条侧抽芯机构、液压侧抽芯机构等，模具设计者可根据制品结构、模具结构、抽芯力和抽芯距离决定采用哪种侧抽芯机构。侧抽芯机构还有一种是手动侧抽芯机构，由于手动机构生产效率低，一般很少采用，这里不再举例。本章主要讲述几种常用侧抽芯机构的典型结构。

3.1 弹簧侧抽芯机构典型结构设计

弹簧侧抽芯机构结构简单，且可以开设在模具任意位置，故在对抽芯力和抽芯距离不大、制品精度要求不高时被广泛采用。本节主要举例弹簧侧抽芯机构的典型结构。

图 3-1 所示为螺钉限位、斜块锁紧弹簧侧抽芯机构。在开模过程中，斜块 1 消除对型芯 4 的锁紧作用，在弹簧 3 的作用下完成对型芯 4 的抽芯，由限位螺钉 2 限位。合模时，由斜块 1 使型芯 4 复位并锁紧。图 3-1 中，$S>h$，$S<S_1$。

图 3-2 所示为弹簧抽芯、端面限位侧抽芯机构。开模过程中，当固定在定模板 2 上的锁块 5 对装在动模板 3 上的型芯 4 消除限位时，在弹簧 1 作用下型芯 4 移动完成抽芯。合模时，在锁块 5 作用下，型芯进入闭模状态，并由型芯 4 端面限位。图 3-2 中，$S>h$、$S<S_1$。

图 3-3 所示为弹簧定模抽芯、滚轮锁紧侧抽芯机构。开模时，顶销 2 借弹簧 1 作用推动

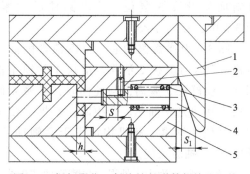

图 3-1　螺钉限位、斜块锁紧弹簧侧抽芯机构
1—斜块　2—限位螺钉　3—弹簧
4—型芯　5—动模板

推板 3 托住制品，由于制品对大型芯 7 具有足够包紧力，使大型芯 7 可浮动 L 距离。在此过程中，滚轮 4 逐渐消除对型芯 5 的锁紧限位，这样弹簧 6 即可推动型芯 5 完成抽芯。此机构设有推板先分型及型芯浮动间隙 L 以避免制品损坏。合模时，滚轮 4 使型芯 5 复位并锁紧。

图 3-3 中，$S>h$，$S \leqslant \dfrac{d}{4}$（d—滚轮 4 的直径），$L \geqslant S+3$。

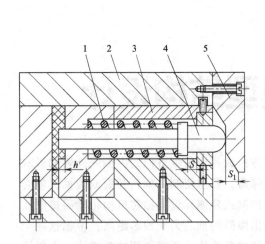

图 3-2　弹簧抽芯、端面限位侧抽芯机构
1—弹簧　2—定模板　3—动模板
4—型芯　5—锁块

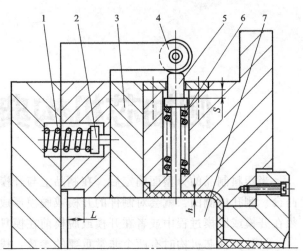

图 3-3　弹簧定模抽芯、滚轮锁紧侧抽芯机构
1、6—弹簧　2—顶销　3—推板
4—滚轮　5—型芯　7—大型芯

图 3-4 所示为简便方式弹簧侧抽芯机构。在开模过程中，斜块 2 消除对滑块 3 的锁紧，弹簧 5 借削扁销钉推动滑块完成抽芯。此滑块可以是多个小滑块，用以多侧抽芯，制作简便。合模时，斜块 2 使滑块 3 复位并锁紧。图 3-4 中，$S>h$，$S<S_1$。

图 3-5 所示为弹簧抽芯、圆柱锁紧侧抽芯机构。在开模过程中，安装于定模板 2 的锁紧柱 5 随之从滑块 3 中抽出，随后在弹簧 1 的作用下，滑块 3 完成抽芯。合模时，锁紧柱斜面使滑块 3 复位，并由圆柱面锁紧。图 3-5 中，$S>h$，$S<S_1$。

图 3-6 为弹簧侧抽芯、斜楔锁紧侧抽芯机构。开模时斜楔 2 消除对滑块 1 的锁紧作用并与动模板 3 脱离，与此同时，弹簧 4 使滑块 1 移动完成抽芯。合模时，斜楔 2 使滑块 1 复位并锁紧。此机构可用于多侧抽芯。其中，S_1—抽芯长度。

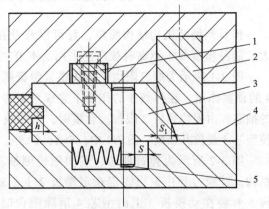

图 3-4　简便方式弹簧侧抽芯机构
1—压板　2—斜块　3—滑块　4—动模　5—弹簧

图 3-7 所示为内、外滑块弹簧侧抽芯机构。开模时斜楔 4 随定模 3 离开装于动模的内、外滑块 5、6，由于弹簧 1、2 的作用，对内、外滑块分别完成抽芯。合模时斜楔 4 使内、外滑块 5、6 复位并锁紧。图 3-7 中，$S>h$，$S_1>h_1$，$S_2>S$。

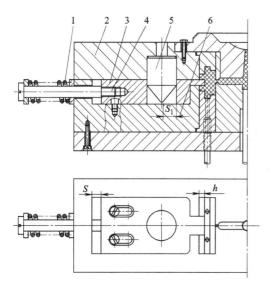

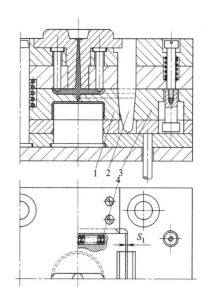

图 3-5　弹簧抽芯、圆柱锁紧侧抽芯机构

1—弹簧　2—定模板　3—滑块　4—阶梯螺钉

5—锁紧柱　6—动模板

图 3-6　弹簧侧抽芯、斜楔锁紧侧抽芯机构

1—滑块　2—斜楔　3—动模板　4—弹簧

图 3-8 所示为顶出式对称滑块弹簧侧抽芯机构。顶出时推杆 6 推动托板 2，待顶出 L_1 距离后，斜楔 5 失去锁紧作用，在弹簧 1 的作用下，滑块 4 向里移动，完成内侧抽芯。合模时，斜楔 5 撑开滑块使之复位并锁紧。图 3-8 中，$S>h$，$S_1>S$。

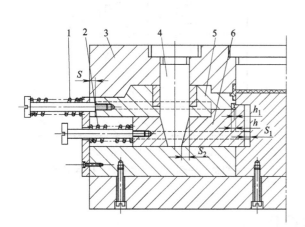

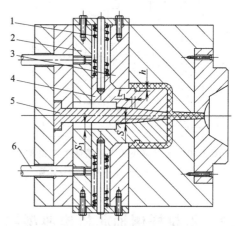

图 3-7　内、外滑块弹簧侧抽芯机构

1、2—弹簧　3—定模　4—斜楔

5—外滑块　6—内滑块

图 3-8　顶出式对称滑块弹簧侧抽芯机构

1—弹簧　2—托板　3—盖板　4—滑块

5—斜楔　6—推杆

图 3-9 所示为减压式弹簧斜侧抽芯机构。开模后动模 2 在弹簧 5 作用下与安装板 4 分开距离 L，与此同时型芯 1 在弹簧 6 作用下完成抽芯。合模时斜块 3 使型芯 1 复位并锁紧。图 3-9 中，$S>h$，$S=L\sin\alpha$。

图 3-10 所示为顶出镶块式内弹簧侧抽芯机构。顶出过程中，推杆 2 推动镶块 3，与此同时弹簧 4 使两半镶块产生平移，完成制件侧凹部位的抽芯。抽芯完毕时镶块 3 不应脱离型芯

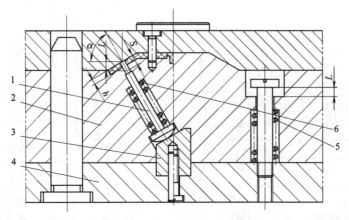

图 3-9 减压式弹簧斜侧抽芯机构
1—型芯 2—动模 3—斜块 4—安装板 5、6—弹簧

1 的斜面（L_1 要大于顶出距离），以确保合模过程可靠进行。图 3-10 中，$\alpha \geqslant 8°$，$S = L\tan\alpha$，$S > h$，$S_1 > S$。

图 3-11 所示为橡胶侧抽芯机构。开模过程中，在硬橡胶 3 的作用下，推动装在动模板 4 内的滑块 2 完成抽芯。合模时斜楔 1 迫使滑块复位并锁紧。此种抽芯形式应用于抽芯距较小的制品，对硬橡胶 3 应进行调试。图中，$S > h$，$S < S_1$。

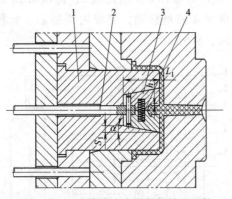

图 3-10 顶出镶块式内弹簧侧抽芯机构
1—型芯 2—推杆 3—镶块 4—弹簧

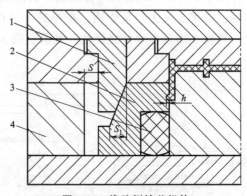

图 3-11 橡胶侧抽芯机构
1—斜楔 2—滑块 3—硬橡胶 4—动模板

3.2 斜拉杆侧抽芯机构典型结构设计

斜拉杆侧抽芯机构是实际生产中最常用的一种。它通过机床的开模力，在开模过程中斜拉杆在与固定有型芯的滑块做相对运动的同时，使滑块沿型芯方向运动，直至滑块上的斜孔脱离斜拉杆完成抽芯。它结构简单、紧凑、运动安全可靠、生产效率高，一般在抽拔力不是很大、开模行程较大、抽芯距离在 40mm 以下时采用。本节主要举例斜拉杆侧抽芯机构的典型结构。

图 3-12 所示为弯片限位斜拉杆侧抽芯机构。开模时，斜拉杆 2 带动滑块 3，完成对型芯 5 的抽拔，滑块 3 由弹簧 4 及弯片 1 限位。斜拉杆倾角 α 一般不大于 25°。

图 3-12 中，$L=\left(\dfrac{D+d}{2}+r+\delta\right)\tan\alpha+\dfrac{H+r}{\cos\alpha}+\dfrac{\delta}{\tan\alpha}+\dfrac{S}{\sin\alpha}-\dfrac{r(1-\cos\alpha)}{\sin\alpha}+(6\sim10)\,\mathrm{mm}$

式中　L——斜拉杆总长；

　　　δ——斜拉杆与滑块斜孔的间隙；

　　　S——斜拉杆有效抽芯距离；

　　　α——斜拉杆倾角；

　　　H——斜拉杆安装板厚度；

　　　D——斜拉杆凸肩直径；

　　　d——斜拉杆直径；

　　　r——滑块斜孔倒圆半径。

图 3-13 所示为勾形锁紧滑块斜拉杆侧抽芯机构。开模时，由斜拉杆 2 带动滑块 3，实现对型芯 4 的抽拔。采用勾形锁紧滑块 1 锁紧，此种锁紧滑块具有较好的刚性，可承受较大的侧面成型压力。斜拉杆总长的计算与图 3-12 所示相同。

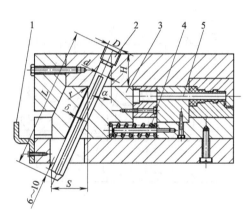

图 3-12　弯片限位斜拉杆侧抽芯机构

1—弯片　2—斜拉杆　3—滑块　4—弹簧　5—型芯

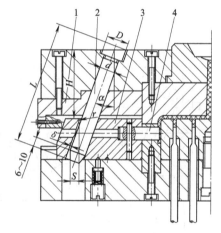

图 3-13　勾形锁紧滑块斜拉杆侧抽芯机构

1—勾形锁紧滑块　2—斜拉杆　3—滑块　4—型芯

图 3-14 所示为双重锁紧斜拉杆侧抽芯机构。开模时，在斜拉杆 3 的作用下，滑块 4 和型芯 5 完成对制品侧面抽芯。由于制品侧面成型面积较大，从而侧面所受成型压力也较大，因而采用了由锁紧块 2 和挡块 1 组成的双重锁紧。斜拉杆总长的计算与图 3-12 所示相同。

图 3-15 所示为带活动镶块的斜拉杆侧抽芯机构。由于制品的形状所致，设置了活动镶块 3，该活动镶块 3 装于滑块 1 上。注射成型后，开模时，分别由斜拉杆 2、5 带动两侧滑块 1、4 完成制品内形抽芯。此时活动镶块 3 留于制品内，而后从制品中取出。

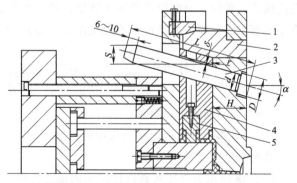

图 3-14　双重锁紧斜拉杆侧抽芯机构

1—挡块　2—锁紧块　3—斜拉杆　4—滑块　5—型芯

近似计算公式：$S_1 = L_1 \tan\alpha_1$ $S_2 = L_2 \tan\alpha_2$

式中　S_1——斜拉杆 2 的有效抽芯长度；

　　　L_1——斜拉杆 2 所需开模行程；

　　　α_1——斜拉杆 2 的倾角；

　　　S_2——斜拉杆 5 的有效抽芯长度；

　　　L_2——斜拉杆 5 所需开模行程；

　　　α_2——斜拉杆 5 的倾角。

图 3-16 所示为斜拉杆抽斜芯侧抽芯机构。开模时，斜拉杆 3 拨动滑块 2 完成对与分型面成 β 角的形芯 1 的抽芯。此机构中，滑块 2 在动模板 5 的 T 形槽中滑动，T 形槽导滑方向同样应与分型面成 β 角。闭模时，滑块 2 靠锁紧块 4 锁紧。斜拉杆总长的计算与图 3-12 所示相同。图 3-16 中，S_1 为斜拉杆有效抽芯距离，$S_1 = \dfrac{S}{\cos\beta}$；$S$ 为滑块与限位块的距离，h 为实际抽芯距离，$S > h$。

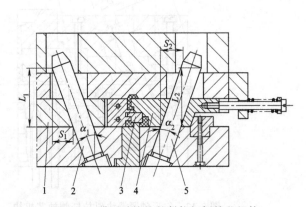

图 3-15　带活动镶块的斜拉杆侧抽芯机构

1、4—滑块　2、5—斜拉杆　3—活动镶块

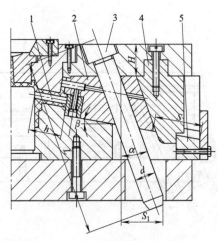

图 3-16　斜拉杆抽斜芯侧抽芯机构

1—型芯　2—滑块　3—斜拉杆
4—锁紧块　5—动模板

图 3-17 所示为分型面斜角锁紧斜拉杆侧抽芯机构。开模时，在斜拉杆 1 作用下，滑块 3 完成抽芯。滑块 3 由斜面锁紧块 2 锁紧，锁紧由分型面斜角 β 实现，这种锁紧方式一定要在机床具有足够锁模力的条件下才能应用，一般 $\beta = 5°$。

$$L = \left(\frac{d}{2} + \delta\right)\tan\alpha + \frac{H + H_1}{\cos\alpha} + \frac{r}{\tan\left(\dfrac{90° - (\alpha + \beta)}{2}\right)} + \frac{S}{\sin\alpha} - \frac{r(1 - \cos\alpha)}{\sin\alpha} + (6 \sim 10)\,\text{mm}$$

式中　β——斜面锁紧块斜角；

　　　H_1——斜拉杆在斜面锁紧块中的长度。

其他符号含义见图 3-12。

图 3-18 所示为弹压式斜拉杆定模侧抽芯机构。开模时，在弹簧 3 作用下，因限位螺钉 4 限位，斜拉杆 1 行程 l_1 距离，主分型面暂不分开，与此同时，斜拉杆 1 拨动滑块 2 完成侧孔

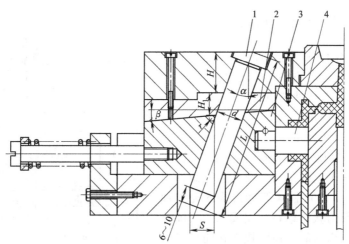

图 3-17 分型面斜角锁紧斜拉杆侧抽芯机构
1—斜拉杆 2—斜面锁紧块 3—滑块 4—型芯

抽芯，继续开模，制品包住型芯被带到动模。斜拉杆总长计算与图 3-12 所示相同。图 3-18 中，l_1 为限位螺钉限位距离，l 为斜拉杆完成有效抽芯距离所需的开模行程，$l_1 > l \approx \dfrac{S}{\tan\alpha}$。

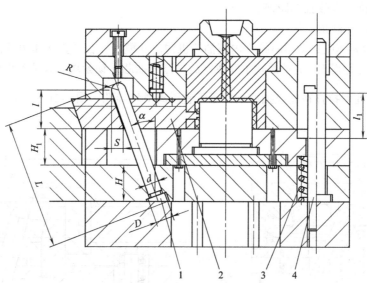

图 3-18 弹压式斜拉杆定模侧抽芯机构
1—斜拉杆 2—滑块 3—弹簧 4—限位螺钉

图 3-19 所示为定模斜拉杆侧抽芯机构。开模时，由于滑块 1 与斜拉杆 2 之间有 δ 间隙，型芯 10 脱离制品，制品对它的包紧力消除。继续开定模 3 则完成抽芯。此时制品留在定模中，并由推杆 5 在弹簧 4 作用下推出制品。由复位杆 6、压杆 7、挡销 8 和弹簧 9 组成的系统，在滑块 1 未完全脱离制品时抑制推件，在合模时达到推杆 5 复位。弹簧 9 的弹力应大于弹簧 4 的弹力。

图 3-19 中，$L = \dfrac{S}{\sin\alpha} + \dfrac{\delta}{\sin\alpha\cos\alpha}$（不计口部 r）

$$L = \frac{S}{\sin\alpha} + \frac{\delta + r\ (1-\cos\alpha)}{\sin\alpha\cos\alpha} \ (计口部\ r)$$

式中　L——斜拉杆有效抽芯长度；

　　　δ——斜拉杆与滑块斜孔的间隙；

　　　S——斜拉杆有效抽芯距离；

　　　α——斜拉杆倾角；

　　　r——滑块斜孔倒角。

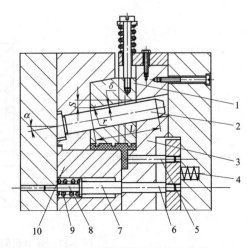

图3-19　定模斜拉杆侧抽芯机构
1—滑块　2—斜拉杆　3—定模　4、9—弹簧
5—推杆　6—复位杆　7—压杆　8—挡销　10—型芯

图3-20所示为顶出式斜拉杆侧抽芯机构。顶出时，借限位杆1上的垫圈2限位，控制顶出距离l，与此同时，斜拉杆4拨动滑块5完成抽芯。由于制品材料为软质塑料，完成抽芯后即可从动模镶块6中取出制品。锁紧块3在闭模时对滑块5起锁紧作用。由于该机构中滑块无限位装置，因此l应等于或小于L，以使斜拉杆不脱离导向孔。图3-20中，$S>h$，$l\leqslant L$。

近似计算公式：$S=L\tan\alpha$

式中　L——斜拉杆完成有效抽芯距离所需的开模行程；

　　　S——斜拉杆有效抽芯距离；

　　　α——斜拉杆倾角。

图3-21所示为弹压式动模斜拉杆内侧抽芯机构。开模后，在弹簧4作用下，因限位螺钉5限位，斜拉杆2（行程L）拨动滑块1完成制品内侧凹抽芯。锁紧块3起锁紧作用。由于滑块1无定位装置，因此斜拉杆在完成抽芯动作后不宜脱离滑块导孔。图3-21中，$L=\dfrac{S}{\tan\alpha}$，$S>h$。

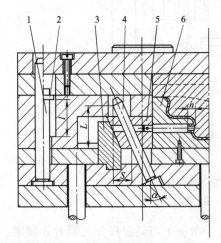

图3-20　顶出式斜拉杆侧抽芯机构
1—限位杆　2—垫圈　3—锁紧块　4—斜拉杆
5—滑块　6—动模镶块

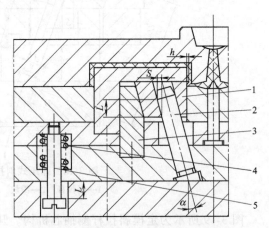

图3-21　弹压式动模斜拉杆内侧抽芯机构
1—滑块　2—斜拉杆　3—锁紧块
4—弹簧　5—限位螺钉

图3-22所示为弹压式定模斜拉杆侧抽芯机构。图3-22a为合模状态，图3-22b为侧抽芯完成状态。开模时，在弹簧2作用下，斜拉杆3移动，因限位螺钉1限位，斜拉杆3移动l

距离,拨动滑块4完成制件内侧凹抽芯。继续开模,制品被带到动模。

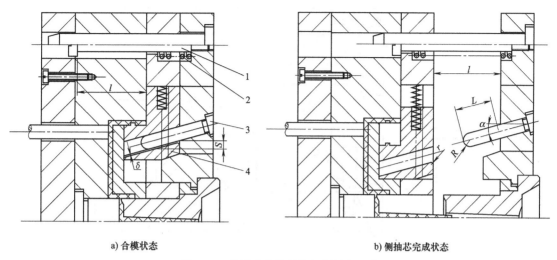

a) 合模状态   b) 侧抽芯完成状态

图 3-22 弹压式定模斜拉杆侧抽芯机构

1—限位螺钉 2—弹簧 3—斜拉杆 4—滑块

图 3-23 所示为滑块浮动式斜拉杆侧抽芯机构。图 3-23a 为合模状态,图 3-23b 为侧抽芯起始状态,图 3-23c 为侧抽芯完成状态。滑块 1 在滑块座 8 中滑动,并可沿开模方向浮动。开模过程中,斜拉杆 2 在完成 δ 间隙的空行程接触滑块 1 时,并未开始抽芯动作,而是将滑块 1 拨动浮起,当限位螺钉 7 起限位作用时,则开始进行抽芯动作,直至使型芯 3 脱出制件,使其自动落下。

图 3-24 所示为定模斜拉杆内侧抽芯机构。开模时,滑块 2 在斜拉杆 3 作用下移动,完成对制品内侧凹的抽芯。完成抽芯后,在弹簧 1 作用下使滑块 2 复位。注意图中 β 角应大于 α 角。

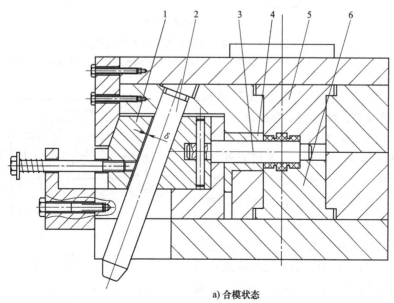

a) 合模状态

图 3-23 滑块浮动式斜拉杆侧抽芯机构

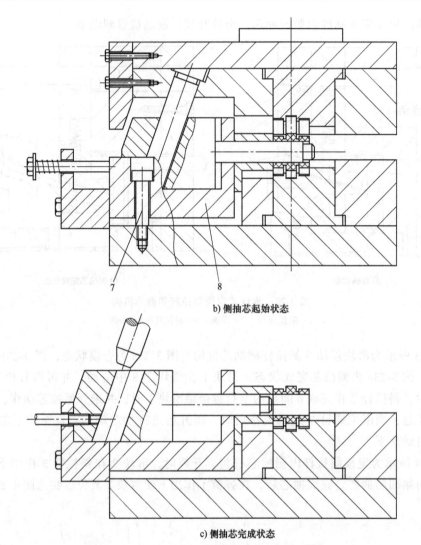

b) 侧抽芯起始状态

c) 侧抽芯完成状态

图 3-23 滑块浮动式斜拉杆侧抽芯机构（续）

1—滑块 2—斜拉杆 3—型芯 4—套筒 5—定模镶块 6—动模镶块 7—限位螺钉 8—滑块座

图 3-25 所示为斜拉杆二级侧抽芯机构。图 3-25a 为合模状态，图 3-25b 为抽出 S_1 距离时开模状态，图 3-25c 为抽芯完成状态。由于制品侧面呈薄壁盒形，为防止抽芯时制件壁部被夹变形或损坏，因此采用二级抽芯。开模过程中，斜拉杆 1 先带动内滑块 4，此时止动销 3 限制外滑块 2 的抽芯动作，当抽至 S_1 距离时，斜拉杆开始带动外滑块 2 对制品外形部分进行抽芯，直至 S_2 距离。注意，抽芯完毕应避免内滑块移动。图 3-25 中，$S = S_1 + S_2 = S_3 + S_4$，$\beta$ 角应大于 α 角。

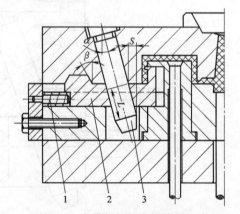

图 3-24 定模斜拉杆内侧抽芯机构

1—弹簧 2—滑块 3—斜拉杆

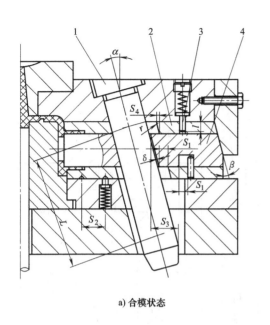 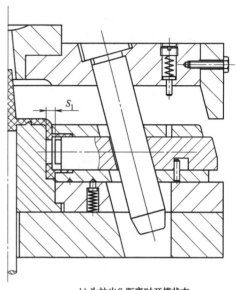

a) 合模状态　　　　　　　　　　　　　b) 为抽出S_1距离时开模状态

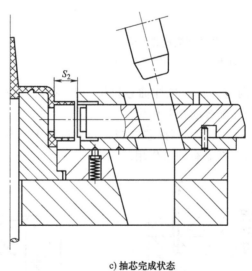

c) 抽芯完成状态

图 3-25　斜拉杆二级侧抽芯机构

1—斜拉杆　2—外滑块　3—止动销　4—内滑块

图 3-26 所示为方销斜拉杆侧抽芯机构。开模空行程间隙 δ 后，弯拉杆 3 拨动滑块 4 完成抽芯。锁紧块 2 对滑块锁紧，挡板 1 对滑块 4 限位。

图 3-27 所示为方销斜拉杆滞后侧抽芯机构。由于制品对型芯 3 具有较大包紧力，且制品内孔不允许有斜度，故采用弯拉杆滞后抽芯。开模后，空行程一段 L 距离，以使制品在滑块 2 的夹持下基本脱开型芯。继续开模，弯拉杆 1 完成抽芯。

图 3-27 中，$L=\dfrac{S+\delta}{\tan\alpha}$

式中　δ——弯拉杆与斜孔间隙；

　　　S——有效抽芯距离；

　　　L——弯拉杆有效抽芯长度。

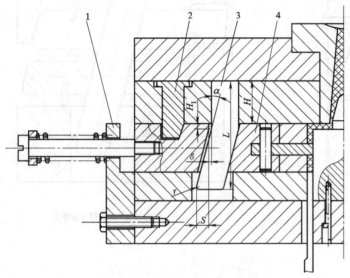

图 3-26　方销斜拉杆侧抽芯机构

1—挡板　2—锁紧块　3—弯拉杆　4—滑块

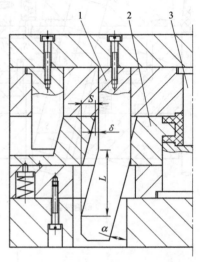

图 3-27　方销斜拉杆滞后侧抽芯机构

1—弯拉杆　2—滑块　3—型芯

图 3-28 所示为斜向弯方销斜拉杆抽芯机构。开模时，弯拉杆 1 拨动滑块 3 完成抽芯。弯拉杆 1 与动模支承板 2 配合起锁紧作用。

图 3-29 所示为方销斜拉杆内侧抽芯机构。开模过程中，弯拉杆 2 带动滑块 1 完成对制品内侧凹的抽芯。此弯拉杆兼有锁紧作用。

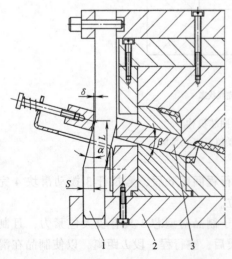

图 3-28　斜向弯方销斜拉杆抽芯机构

1—弯拉杆　2—动模支承板　3—滑块

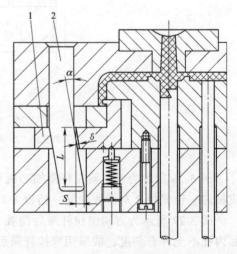

图 3-29　方销斜拉杆内侧抽芯机构

1—滑块　2—弯拉杆

3.3　斜滑块侧抽芯机构典型结构设计

当制件的侧面有较大面积的凸凹复杂形状、抽拔力不大、抽芯距离在 30mm 以下时，可采用斜滑块侧抽芯机构。它与斜拉杆侧抽芯机构略有不同，是在开模后，顶出制件的过程中，顶杆推动固定有型芯或型腔的斜滑块向前运动的同时又向侧面移动，从而达到抽芯的目的。斜滑块侧抽芯机构结构简单、运动平稳可靠、操作方便，有利于浇注系统的开设，还可改善排气条件，也是实际生产中最常用的一种抽芯机构。本节主要介绍斜滑块侧抽芯机构的典型结构。

图 3-30 所示为燕尾式斜滑块侧抽芯机构。镶块 1 上开有燕尾槽，并用螺钉 4、圆柱销 3紧固于动模板 5 上，斜滑块 2 可在槽中滑动，顶出时斜滑块 2 完成抽芯并顶出制品。这种利用镶块开槽导向的方法便于模具加工。

$S = L\tan\alpha$，S 为抽芯长度，L 为顶出长度，α 为斜滑块斜边倾角，$L_1 > L$。

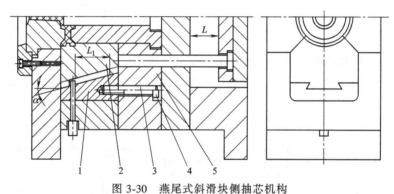

图 3-30　燕尾式斜滑块侧抽芯机构

1—镶块　2—斜滑块　3—圆柱销　4—螺钉　5—动模板

图 3-31 所示为双燕尾式斜滑块侧抽芯机构。镶条 3 呈燕尾形，用螺钉 2、圆柱销 4 紧固于模套 5，便于制造。斜滑块 1 靠镶条 3 导向。顶出时，推板 6 和推杆 7 同时推动斜滑块 1抽芯并顶出制品，限位销 8 用于对滑块最终限位。

$S = L\tan\alpha$，S 为有效抽芯长度，L 为顶出长度，α 为斜滑块斜边倾角。

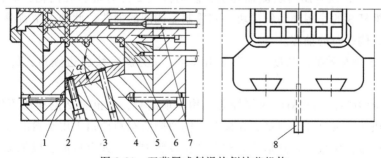

图 3-31　双燕尾式斜滑块侧抽芯机构

1—斜滑块　2—螺钉　3—镶条　4—圆柱销　5—模套　6—推板　7—推杆　8—限位销

图 3-32 所示为 T 形槽式斜滑块侧抽芯机构。模套 4 开有 T 形槽，斜滑块 3 可在槽中滑

动，顶出时，在推杆 2 和推管 1 的作用下，同时完成抽芯和顶出制品，限位销 5 用于对斜滑块 3 的限位。

$S = L\tan\alpha$，S 为有效抽芯长度，L 为顶出长度，α 为斜滑块斜边倾角，$L_1 > L$。

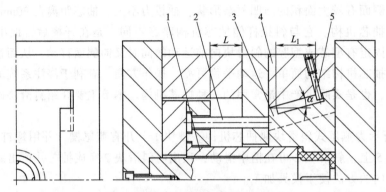

图 3-32 T 形槽式斜滑块侧抽芯机构
1—推管 2—推杆 3—斜滑块 4—模套 5—限位销

图 3-33 所示为 T 形槽式斜滑块内侧抽芯机构。斜滑块由 T 形槽导向，顶出时，推杆 1 推动斜滑块 3 完成制品内侧凹抽芯。限位销 2 起限位作用。

$S = L\tan\alpha$，S 为有效抽芯长度，L 为顶出长度，α 为斜滑块斜边倾角，$L_1 > L$，$S > h$。

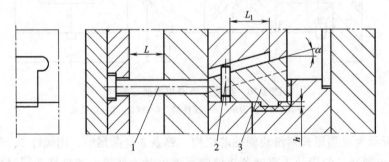

图 3-33 T 形槽式斜滑块内侧抽芯机构
1—推杆 2—限位销 3—斜滑块

图 3-34 所示为镶块式斜滑块侧抽芯机构。动模板 2 开有带斜孔的槽，斜滑块 1 镶入槽中。顶出时借推杆 3 的作用推动斜滑块 1 完成制品侧凹的抽芯。此种小型斜滑块适用于在制品局部有小孔或侧凹时的抽芯。

$S = L\tan\alpha$，S 为有效抽芯长度，L 为顶出长度，α 为斜滑块斜边倾角，L_1 为滑块限位长度，$L_1 > L$。

图 3-35 所示为圆柱销式斜滑块侧抽芯机构。顶出时，在推杆 2 的作用下完成抽芯和顶出制品。斜滑块 4 的两侧开有斜槽，在模套 3 的两侧装有圆柱销 1 用于斜滑块导向。这种方式便于制造，但推杆位置应设置适当，避免产生旋转力矩，如有可能，以推板托住斜滑块顶出为佳。

$S = L\tan\alpha$，S 为有效抽芯长度，L 为顶出长度，α 为圆柱销倾斜角，β 为斜滑块斜边倾角，L_1 为滑块限位长度，h 为实际抽芯长度，$L_1 > L > H$，$S > h$，$\beta \geqslant \alpha$。

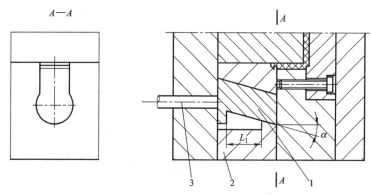

图 3-34 镶块式斜滑块侧抽芯机构

1—斜滑块 2—动模板 3—推杆

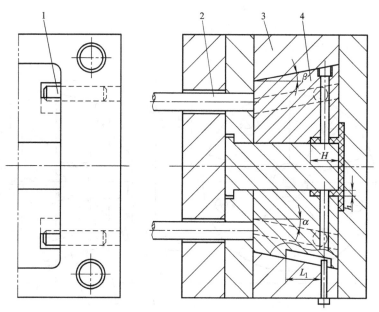

图 3-35 圆柱销式斜滑块侧抽芯机构

1—圆柱销 2—推杆 3—模套 4—斜滑块

图 3-36 所示为斜导杆式斜滑块侧抽芯机构。斜滑块 5 由斜导杆 1 导向，斜导杆 1 伸入定模，可确保足够导向长度。顶出时，推板 3 推动斜滑块 5，同时型芯浮动 l 距离（靠限位螺钉 2 限位），这样可先消除斜滑块 5 对模套 4 的张力，继续顶出则制品被从型芯上脱出。这种先浮动后顶件的方式一般用于具有较大张力和制件对型芯具有较大包紧力的场合，能避免出现因顶出力不足而造成无法顶出或使制品损坏的现象。限位销 6 用于顶出结束时斜滑块的限位。

图 3-37 所示为斜拉杆式斜滑块侧抽芯机构。斜滑块 3 由斜导柱 4 导向，顶出时，在推杆 1 的作用下，通过推板 2 同时完成五个斜滑块的抽芯并顶出制品。这种形式多用于筒形制品圆周抽芯。

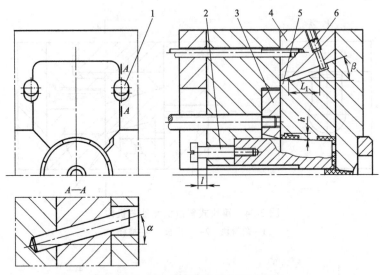

图 3-36 斜导杆式斜滑块侧抽芯机构

1—斜导杆 2—限位螺钉 3—推板 4—模套 5—斜滑块 6—限位销

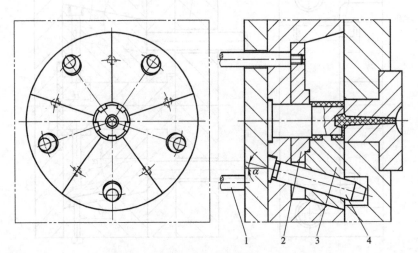

图 3-37 斜拉杆式斜滑块侧抽芯机构

1—推杆 2—推板 3—斜滑块 4—斜导柱

图 3-38 所示为镶块式斜滑块内侧抽芯机构。型芯 4 上开有燕尾槽，镶块 3 的一侧呈燕尾形，并可在型芯 4 的槽中滑动，另一侧嵌入斜滑块 1。顶出时，推杆 5 推动斜滑块 1 完成内抽芯。限位销 2 对斜滑块 1 起限位作用。

图 3-39 所示为弹压式斜滑块内侧抽芯机构。开模后，在弹簧 3 作用下将推板 1 及斜滑块 2 弹开 L 距离，与此同时斜滑块 2 完成抽芯，然后推杆 4 将制品顶出。斜滑块 2 可在推板 1 的燕尾槽中滑动，以避免抽芯时损坏制品。

图 3-39 中，$L \leqslant \frac{2}{3}L_1$，$L$ 为弹开距离，L_1 为斜滑块高度。

图 3-40 所示为弹压制动销式斜滑块侧抽芯机构。顶出时，在推杆 1 作用下完成抽芯和

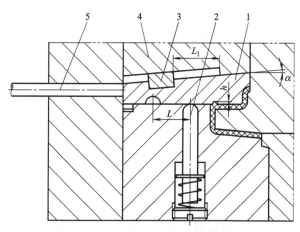

图 3-38 镶块式斜滑块内侧抽芯机构

1—斜滑块 2—限位销 3—镶块 4—型芯 5—推杆

顶出制品。由于制品对定模型芯包紧力较大，为避免制品包在定模型芯上而留在定模，采用了止动销 3 和弹簧 4，使斜滑块 2 在开模时暂不向两侧分开，从而确保制品留在动模。

图 3-40 中，$S = L\tan\alpha$，S 为有效抽芯长度，L 为顶出长度，L_1 为限位长度，$L_1 > L$。

图 3-41 所示为定模斜滑块内侧抽芯机构。斜滑块 3 由型芯 2 的燕尾槽导滑，同时有托板 1 托住底面。开模时，在定距分型机构作用下迫使模具先分开 L 距离，与此同时斜滑块 3 完成内抽芯。

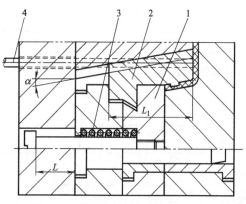

图 3-39 弹压式斜滑块内侧抽芯机构

1—推板 2—斜滑块 3—弹簧 4—推杆

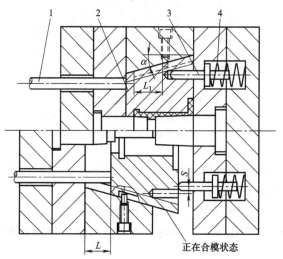

图 3-40 弹压制动销式斜滑块侧抽芯机构

1—推杆 2—斜滑块 3—止动销 4—弹簧

正在合模状态

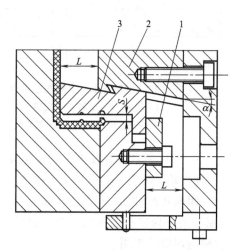

图 3-41 定模斜滑块内侧抽芯机构

1—托板 2—型芯 3—斜滑块

3.4 齿轮齿条侧抽芯机构典型结构设计

大多数侧型芯的抽出方向与开模方向相垂直，当型芯的抽出方向与开模方向不垂直且有多个型芯时，采用斜拉杆或斜滑块机构时抽芯过程中可靠性不好，可采用齿轮齿条抽芯机构，但齿轮齿条抽芯机构结构复杂、加工困难，一般很少使用，只有在斜导柱或斜滑块机构很难完成侧抽芯或不能完成侧抽芯时才使用。

图 3-42 所示为齿轮齿条水平侧抽芯机构。型芯 2 轴线与分型面平行，在开模过程中进行抽芯，在合模过程中实现复位。

锁紧块 7 闭模状态时楔住齿条 4，从而对型芯 2 起到锁紧作用。采用此种锁紧方式时，齿条 5 须有一段空行程，以便保证锁紧块 7 脱开齿条 4 后，齿条 5 与轴齿轮 6 啮合，并带动齿条 4 及型芯 2 完成抽芯。

图 3-43 所示为齿轮齿条斜侧抽芯机构。开模时，齿条 3 带动轴齿轮 2 作顺时针转动，从而带动齿条 8 后退，实现抽芯。定位销 9 用于对齿条 8 定位，以确保合模时齿形顺利啮合。

合模时，在齿条 3 带动下，轴齿轮 2 做逆时针转动，从而带动齿条 3 前进，使型芯 7 进入闭模状态。杠杆 1 借可调螺杆 4 的作用顶住齿条 8 端面，以防止注射成型时，因齿轮齿条啮合存在间隙，在反压力作用下型芯发生后移。

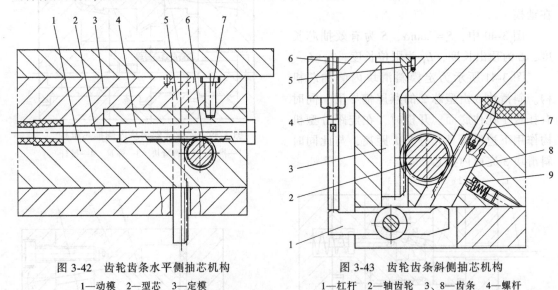

图 3-42　齿轮齿条水平侧抽芯机构
1—动模　2—型芯　3—定模
4、5—齿条　6—轴齿轮　7—锁紧块

图 3-43　齿轮齿条斜侧抽芯机构
1—杠杆　2—轴齿轮　3、8—齿条　4—螺杆
5、9—定位销　6—定模　7—型芯

图 3-44 所示为弹簧弹压式齿轮齿条斜抽芯侧抽芯机构。开模过程中齿条 4 带动轴齿轮 1，轴齿轮 1 带动型芯齿条 2 完成抽芯，合模过程中完成型芯 3 复位。

闭模状态时，由楔杆 5 楔紧齿条 2 对型芯 3 起锁紧作用。采取此种斜面锁紧方式，齿条 4 必须有一段空行程才允许进入啮合状态，否则会产生干涉，使齿条 2 无法后退。弹簧 6 在合模时起缓冲作用。

图 3-45 所示为楔杆限位齿轮齿条斜侧抽芯机构。开模过程中齿条 1 带动轴齿轮 3，轴齿

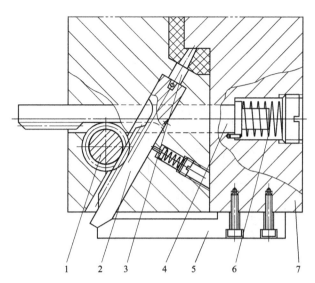

图 3-44 弹簧弹压式齿轮齿条斜抽芯侧抽芯机构

1—轴齿轮 2、4—齿条 3—型芯 5—楔杆 6—弹簧 7—定模

轮 3 带动型芯齿条 2 完成抽芯，合模过程中完成型芯齿条 2 的复位。

楔杆 5 的斜面在闭模状态时与轴齿轮 3 的斜面密合，以消除轴齿轮 3 与型芯齿条 2 之间的啮合间隙，达到锁紧作用，挡板 4 挡住楔杆 5 使锁紧更为可靠。齿条 1 应有一段空行程，否则会发生干涉，使传动系统无法工作。

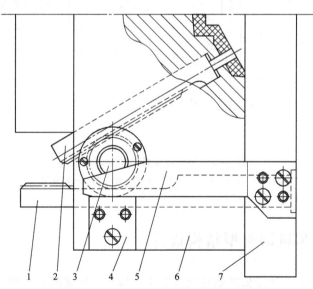

图 3-45 楔杆限位齿轮齿条斜侧抽芯机构

1—齿条 2—型芯齿条 3—轴齿轮 4—挡板 5—楔杆 6—动模 7—定模

图 3-46 所示为齿轮齿条弧形侧抽芯机构。开模过程中，齿条 1 带动齿轮 6，由于齿轮 6 与斜齿轮 8 固定在同一轴 7 上，因而斜齿轮 8 又带动斜齿轮 4，又由于斜齿轮 4 与齿轮 2 固定在同一轴 3 上，因而齿轮 2 带动齿条 5 完成弧形抽芯。

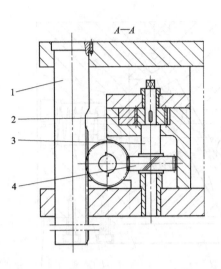

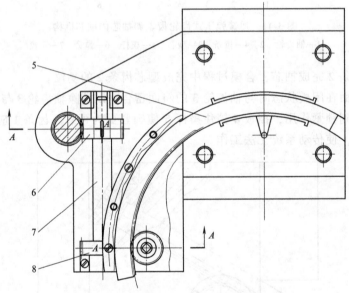

图 3-46 齿轮齿条弧形侧抽芯机构

1、5—齿条 2、6—齿轮 3、7—轴 4、8—斜齿轮

3.5 液压侧抽芯机构典型结构设计

液压侧抽芯机构是把液压抽芯器连接在固定于模具上的支架上，型芯与抽芯器的接头相连接，抽芯器靠液压进退完成抽芯。液压侧抽芯机构需在模具上搭个支架，并需要安装液压抽芯器，模具结构复杂，成本高，一般不常采用。只有当开模行程不大，而抽芯距离很长、抽拔力很大且抽芯方向又与开模方向不垂直时，才采用液压侧抽芯机构。

图 3-47 所示为滑块自锁液压侧抽芯机构。液压缸 7 通过支架 6 装于动模 3，又由连结器 5 与拉杆 4 连接，拉杆 4 与型芯 2 连接。开模状态时，通过液压缸 7 活塞的往复运动带动拉

杆4实现抽芯或芯复位。型芯2上突块的斜面与定模1密合，起安全锁紧作用。$L>S$，L 为液压缸活塞的行程，S 为有效抽芯距离。

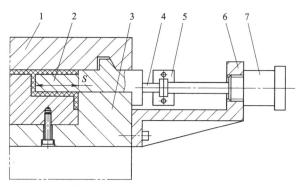

图3-48所示为锁紧块锁紧液压侧抽芯机构。液压缸8通过支架7固定于动模5，液压缸8的活塞杆通过连结器6与拉杆4相接，拉杆4与型芯2连接。开模状态时，锁紧块3脱开型芯2，此时借助液压缸8中活塞的往复运动使型芯2进行抽芯或复位。合模后，锁紧块3进入型芯2凹槽内，对型芯2进行限位锁紧。

图 3-47　滑块自锁液压侧抽芯机构

1—定模　2—型芯　3—动模　4—拉杆　5—连结器
6—支架　7—液压缸

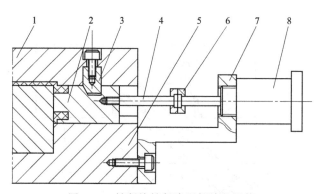

图 3-48　锁紧块锁紧液压侧抽芯机构

1—定模　2—型芯　3—锁紧块　4—拉杆　5—动模　6—连结器　7—支架　8—液压缸

图3-49所示为拉杆内嵌式液压侧抽芯机构。液压缸1通过支架2固定于动模5，液压缸1的活塞杆通过拉杆4与滑块3的T形槽直接连接。滑块3在动模5的槽中滑动，并通过液压缸1中活塞的往复运动，实现抽芯及复位。此种机构结构较紧凑。

图3-50所示为多型芯液压侧抽芯机构。型芯6、7通过型芯安装板5、滑块4、螺杆3与液压缸1活塞相连，同时完成多个型芯的抽芯。此结构抽芯和复位必须在合模状态下进行，否则型芯7将被损坏。

图3-51所示为斜向液压侧抽芯结构。制品有一斜孔，此处采用了斜向液压抽芯，型芯4用圆柱销3与液压缸1的活塞杆连接，此种方式具有比其他斜向抽芯机构更为简便

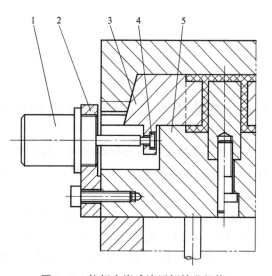

图 3-49　拉杆内嵌式液压侧抽芯机构

1—液压缸　2—支架　3—滑块　4—拉杆　5—动模

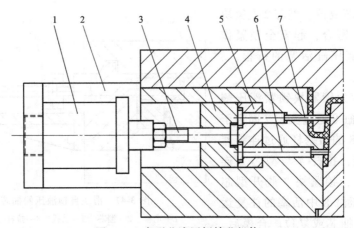

图 3-50 多型芯液压侧抽芯机构
1—液压缸 2—支架 3—螺杆 4—滑块 5—型芯安装板 6、7—型芯

的特点。

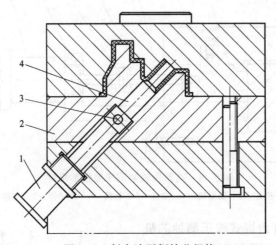

图 3-51 斜向液压侧抽芯机构
1—液压缸 2—动模 3—圆柱销 4—型芯

3.6 斜推杆顶出式侧抽芯机构典型结构设计

斜推杆侧抽芯机构是把斜滑块与推出滑块的推杆连为一体而演变出的一种侧抽芯机构。斜推杆侧抽芯机构结构简单，常常用在抽芯力和抽芯距离很小的模具结构中，特别是内侧抽芯机构。

图 3-52 所示为滚轮式斜推杆侧抽芯机构。顶出过程中，推杆板 1 推动滚轮 2 及斜推杆 3，使其沿动模 4 的斜孔运动。在与推杆 5 共同顶出制品的同时，完成侧向抽芯。

图 3-52 中，$L\tan\alpha > h$，L 为斜推板推出长度，α 为斜推杆的倾角，h 为抽芯距离。

图 3-53 所示为摆杆式侧抽芯机构。摆杆 4 由轴 2 安装于推板 1。顶出过程中，当摆杆 4 移动 l_3 距离时，摆杆 4 的头部已伸出动模 6，继续顶出，此时摆杆 4 的 A 处斜面与镶块 5 接

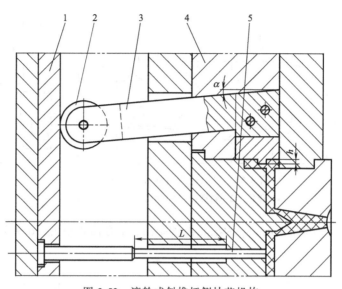

图 3-52　滚轮式斜推杆侧抽芯机构

1—推杆板　2—滚轮　3—斜推杆　4—动模　5—推杆

触并使其摆动，从而完成抽芯。此机构适用于所需抽芯距较短的场合。图 3-53 中，$e_1 > e \geqslant h$，$l_2 > l_3 > l_4$，$l_2 = l_5$。

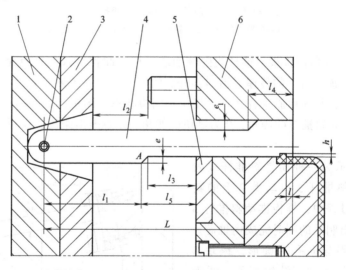

图 3-53　摆杆式侧抽芯机构

1—推板　2—轴　3—推杆板　4—摆杆　5—镶块　6—动模

　　图 3-54 所示为单滚轮式斜推杆内侧抽芯机构。斜推杆 2 尾部的轴 4 上装有滚轮 5，由压板 1 限制滚轮 5 的位置。顶出过程中，斜推杆 2 沿型芯 3 的斜孔运动，完成内侧抽芯。其尾部的滚轮 5 沿水平方向滚动，以使少摩擦。单滚轮适用于斜推杆较宽的场合。$S_1 > L\tan\alpha > h$，S_1 为滚轮滑动距离，h 为抽芯距离，α 为斜推杆的倾角。

　　图 3-55 所示为双滚轮式斜推杆内侧抽芯机构。斜推杆 3 尾部轴 2 的两端分别装有滚轮 5、6，滚轮 5、6 装在固定于推板中的支架 1 上。双滚轮的作用与单滚轮相同，它适用于斜

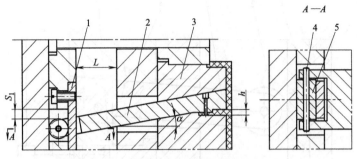

图 3-54 单滚轮式斜推杆内侧抽芯机构

1—压板 2—斜推杆 3—型芯 4—轴 5—滚轮

推杆较窄的场合。$S_1 > L\tan\alpha > h$，S_1 为滚轮滑动距离，h 为抽芯距离，α 为斜推杆的倾角。

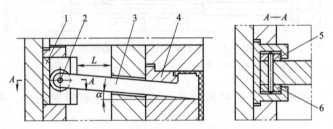

图 3-55 双滚轮式斜推杆内侧抽芯机构

1—支架 2—轴 3—斜推杆 4—型芯 5、6—滚轮

图 3-56 所示为斜面推板斜推杆式内侧抽芯机构。此种形式的特点是支架 4 成 α 角固定于推板上，这样顶出时力的传递是沿斜推杆 2 的轴向。消除了侧向分力，从而减小了滑动摩擦力。合模时，镶块 3 由斜推杆 2 带动复位至闭模状态。图中，$L \cdot \tan\alpha > h$，$L_1 > L$，$\beta \geqslant \alpha$，h 为抽芯距离，α 为斜推杆的倾角，β 为镶块的倾角，L 为推出距离，L_1 为支架 4 到动模 1 的距离。

图 3-57 所示为一种简易斜推杆式内侧抽芯机构。斜推杆 3 以动模 2 上的斜孔导向。顶出过程中，推板推动斜推杆 3 使镶块 4 在顶出制品的同时完成内抽芯。

此种形式斜导向孔为圆形，镶块 4 与斜推杆 3 分为两件，结构简单，便于制造。图中，$L \cdot \tan\alpha > h$，$\beta \geqslant \alpha$，h 为实际抽芯距离，α 为斜推杆的倾角，β 为镶块的倾角，L 为推出距离。

图 3-58 所示为推杆平移式内侧抽芯机构。图 3-58a 为合模状态，图 3-58b 为顶出后侧抽芯完成状态。顶出过程中，当推杆 2 移动 L 距离后，推杆 2 前部的斜面 B 已脱出型芯 4 的端面，继续顶出，

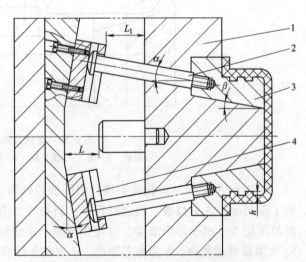

图 3-56 斜面推板斜推杆式内侧抽芯机构

1—动模 2—斜推杆 3—镶块 4—支架

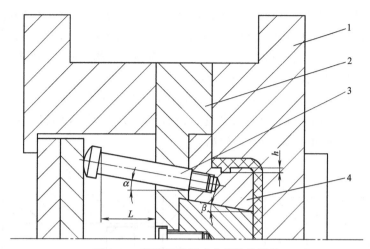

图 3-57　简易斜推杆式内侧抽芯机构
1—定模　2—动模　3—斜推杆　4—镶块

推杆 2 后部的斜面 A 与动模板 3 接触，并迫使推杆 2 向抽芯方向移动，从而在顶出制品的同

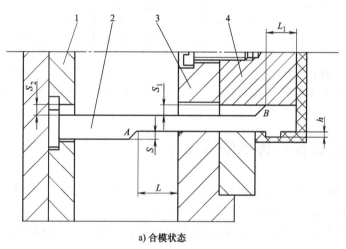

a) 合模状态

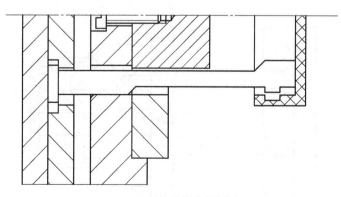

b) 顶出后侧抽芯完成状态

图 3-58　推杆平移式内侧抽芯机构
1—推板　2—推杆　3—动模板　4—型芯

时，完成内侧抽芯。合模时，由推杆 2 前部斜面 B 使其复位。图 3-58 中 $L>L_1$，$S>h$，$S_2>S$。

图 3-59 所示为斜推杆内侧抽芯机构。顶出过程中，由于有动模 3 的斜孔导向，斜推杆 2 在沿顶出方向运动的时候，同时也向内侧运动，从而实现内侧抽芯。斜推杆 2 有与动模 3 齐平的台肩面做精确复位。图 3-59 中，$S_1>L\tan\alpha$，$L>h_1$。

图 3-60 所示为连杆式斜推杆内侧抽芯机构。连杆 2 的两端分别与推板 1 和斜推杆 3 相连接，顶出过程中的顶出力通过连杆 2 传递，使斜推杆 3 沿动模 4 的斜孔方向运动，完成抽芯和顶出制品。图 3-60 中，$L\tan\alpha>h$，$L>h_1$。

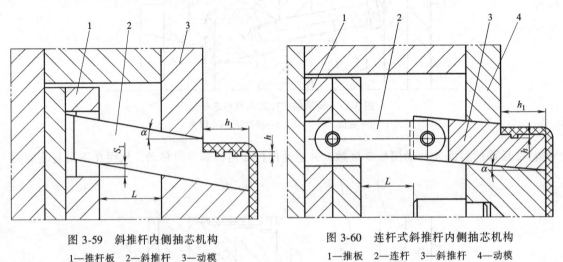

图 3-59　斜推杆内侧抽芯机构
1—推杆板　2—斜推杆　3—动模

图 3-60　连杆式斜推杆内侧抽芯机构
1—推板　2—连杆　3—斜推杆　4—动模

3.7　其他侧抽芯机构典型结构设计

图 3-61 所示为活块式脱模侧抽芯机构。制品的内侧凹由活块 5 成型。活块 5 的孔与推杆 1 的直径制成间隙配合。型芯 3 紧固于动模板 2 上。

顶出时，推杆 1 推动活块 5，制品也同时被推动，当活块 5 全部从镶块 4 中顶出后，则

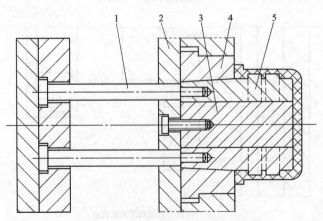

图 3-61　活块式脱模侧抽芯机构
1—推杆　2—动模板　3—型芯　4—镶块　5—活块

可从推杆 1 上将活块 5 连同制品一齐取下，再用手工将活块从制品中取出。

图 3-62 所示为推杆内嵌活块脱模侧抽芯机构。制品端面凸出部位的形状成型后妨碍制品顶出。此处采用了瓣形活块 2 成型。顶出时，推杆 1 将制品顶出型腔，然后从推杆 1 上将制品随同活块 2 一齐取下，再用手工将活块从制品上分开。滚珠 4 的作用是给装入定模后的螺纹型芯 3 以一定限制，确保螺纹型芯 3 稳定可靠。

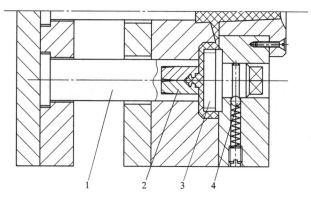

图 3-62　推杆内嵌活块脱模侧抽芯机构
1—推杆　2—活块　3—螺纹型芯　4—滚珠

图 3-63 所示为顶出式斜面内侧抽芯机构。制品的内侧凹由滑块 4 成型。顶出过程中，推杆 1 推动动模板 2 沿顶出方向移动，同时，滑块 4 在斜板 3 的斜面作用下向内移动，完成内抽芯。

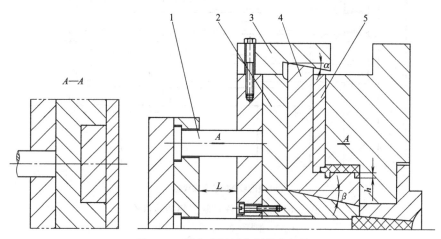

图 3-63　顶出式斜面内侧抽芯机构
1—推杆　2—动模板　3—斜板　4—滑块　5—压板

图 3-64 所示为侧向取件式脱模侧抽芯机构。图 3-64a 为合模状态，图 3-64b 为顶出后侧抽芯完成状态。制品的内部侧凹由镶块 4 成型，推杆 1 与镶块 4 用螺纹连接。顶出时，由推杆 1 和推杆 2 推动镶块 4 和制品脱出型芯 3。然后按箭头方向将制品从镶块 4 上取下。

图 3-65 所示为弹压式楔杆内侧抽芯机构。滑块 1 在滑块座 4 中滑动。开模后，在弹簧 8 作用下弹开动模板 7，直至限位螺钉 6 限位。在此过程中，楔杆 3 的斜面拨动滑块 1 完成抽

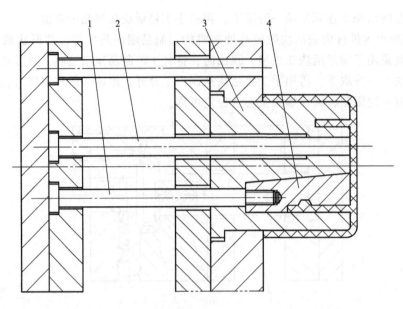

a) 合模状态

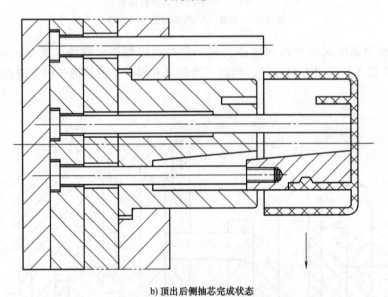

b) 顶出后侧抽芯完成状态

图 3-64　侧向取件式脱模侧抽芯机构

1、2—推杆　3—型芯　4—镶块

芯。弹簧 2 用于控制滑块 1 的开启位置。合模时，由楔杆 3 的直面将滑块 1 推向闭模位置并锁紧。图中，$S>h$，$S_1>S$，$S_2>S$。

图 3-66 所示为摆块式顶出侧抽芯机构。摆块 4 用轴 3 与支架 5 连接，支架 5 紧固于动模上。摆块 4 开有长槽，推杆 1 的前端装有轴 2 并穿入摆块 4 的长槽中。顶出时，推杆 1 通过轴 2 推动摆块 4 转动，从而完成制品外侧凹的抽芯。此种形式仅适用于本例中特定的制品形状。此种机构可用作图法确定相互的尺寸关系。

图 3-67 所示为动模弹压式滑板侧抽芯机构。滑板 3 紧固于动模板 1 上。型芯 4 尾部两

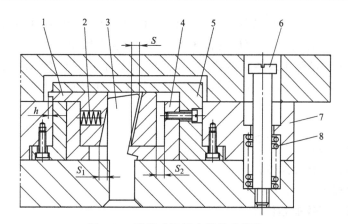

图 3-65 弹压式楔杆内侧抽芯机构

1—滑块 2—弹簧 3—楔杆 4—滑块座 5—型芯 6—限位螺钉 7—动模板 8—弹簧

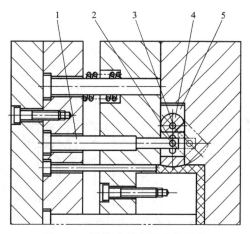

图 3-66 摆块式顶出侧抽芯机构

1—推杆 2、3—轴 4—摆块 5—支架

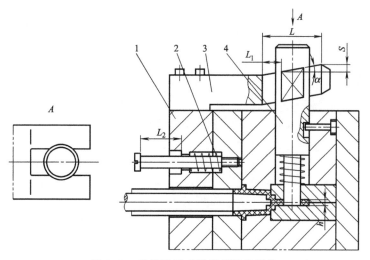

图 3-67 动模弹压式滑板侧抽芯机构

1—动模板 2—弹簧 3—滑板 4—型芯

侧的斜槽与滑板 3 相配。开模过程中，由于弹簧 2 的作用迫使动模板 1 首先分型，与此同时滑板 3 带动型芯 4 完成抽芯。合模后滑板 3 将型芯 4 复位并锁紧。图中，$L_2 > L - L_1$，$S \geqslant h$。

图 3-68 所示为定模弹压式斜滑板侧抽芯机构。此种形式的动作原理同前所述。不同之处是滑块 2 为矩形截面，与斜滑板 1 接触部位呈工字形，具有便于加工，接触面较大，传动平稳的特点。

图中，$L = \dfrac{S}{\tan\alpha} + \dfrac{\delta}{\sin\alpha} + L_1$，$S \geqslant h$，$S_1 \geqslant S$。

式中　　δ——斜滑板与斜孔间隙；

　　　　S——有效抽芯距离；

　　　　L——斜滑板有效抽芯长度；

　　　　L_1——斜滑板斜面起始端与滑块的距离；

　　　　α——斜滑板的倾角。

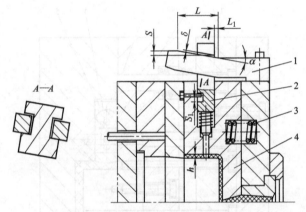

图 3-68　定模弹压式斜滑板侧抽芯机构
1—斜滑板　2—滑块　3—弹簧　4—定模

第4章

<<<<<<

顶出机构典型结构设计

顶出机构是注射模结构中非常重要的组成部分之一，塑料制品注射成型并在模腔中冷却凝固后开启模具，将制品从模体中顶出，是靠模具顶出机构的动作来实现的。在任何正常情况下，顶出机构都能确实可靠地将成型的制品从模板一侧顶出，并在合模时确保相关的顶出零件不与其他模具零件相干扰地恢复到原来位置。所谓"确实可靠"是指顶出机构在相当长的运动周期内平稳顺畅，无卡滞现象的前提下，被顶出的制品完整无损，没有不允许的变形，不影响制品表面质量。根据制品结构及技术要求所需，顶出机构有一次顶出机构和二次顶出机构。

4.1 一次顶出机构典型结构设计

图 4-1 所示为一般推杆顶出机构。制品由多个推杆顶出，推杆 8 由复位杆 7 复位。

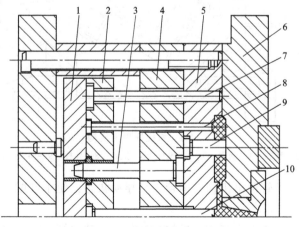

图 4-1 一般推杆顶出机构

1—平板 2—推杆板 3—导柱 4—垫板 5—动模 6—定模 7—复位杆 8—推杆 9—型芯 10—拉料杆

图 4-2 所示为推杆兼复位杆的顶出机构。对于细深加强肋或凸起的制品，为了防止加强

肋或凸起断裂在动模内，故在筋槽内加置推杆 1。制品外围的推杆 3 适当加粗，可起到推杆兼复位杆的作用。

图 4-3 所示为中心推杆顶出机构。在制品中心设置推杆顶出，接触面积较大，制品不易变形，推杆最好设有冷却装置。

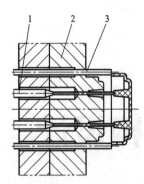

图 4-2　推杆兼复位杆的顶出机构

1—推杆　2—动模　3—推杆（兼作复位杆）

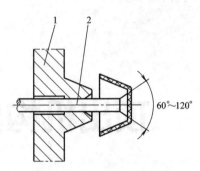

图 4-3　中心推杆顶出机构

1—动模　2—推杆

图 4-4 所示为斜推杆顶出机构。顶出时，在推杆 7 推动下，凭借滚针 6 的作用，顶出机构可平稳地沿着斜块 9 滑动，顶出制品。

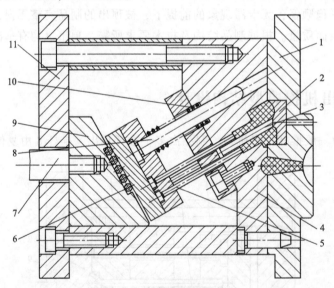

图 4-4　斜推杆顶出机构

1—定模　2—镶件　3—型芯　4—动模　5、7—推杆　6—滚针　8—导柱　9—斜块　10—弹簧　11—动模座

图 4-5 所示为一般推管顶出机构。推管 3 呈浮动状态，便于装配，推动灵活，适用于常用的推管顶出。

图 4-6 所示为潜伏式浇口推管顶出机构。推杆 1 推动推管 3 将制品顶出，同时切断潜伏浇口，弹簧 4 使顶出机构复位。

图 4-7 所示为齿轮推管顶出机构。开模后，首先脱下点浇口，然后由推管 5 顶出制品，由复位杆 6 复位。

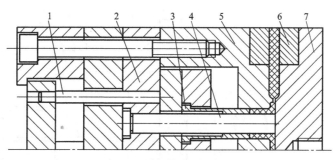

图 4-5 一般推管顶出机构

1—推杆 2—固定板 3—推管 4—型芯 5—动模 6—浇口套 7—定模

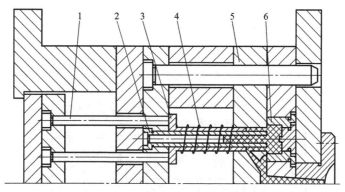

图 4-6 潜伏式浇口推管顶出机构

1—推杆 2—型芯 3—推管 4—弹簧 5—动模 6—镶套

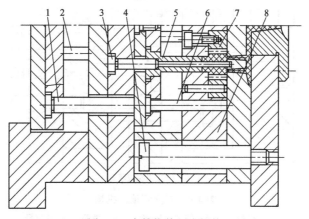

图 4-7 齿轮推管顶出机构

1—推杆 2—导柱 3—型芯 4—限位螺钉 5—推管 6—复位杆 7—镶件 8—动模

图 4-8 所示为型芯固定在动模板上的推管顶出机构。推管 2 上开有长槽，型芯 3 用方键 4 固定在动模板上，结构简单、紧凑，但对型芯的紧固力较小。在型芯直径较小、制品精度要求不高时使用。

图 4-9 所示为双推管顶出机构。图 4-9a 为合模状态，图 4-9b 为顶出完成状态。顶出时，推管 2 及推管 6 同时推动制品，将制品顶出。制品不易变形及损坏，适用于薄壁易变形，强

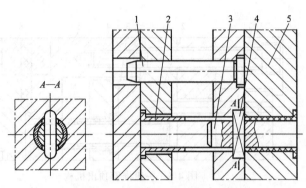

图 4-8 型芯固定在动模板上的推管顶出机构

1—导柱 2—推管 3—型芯 4—方键 5—动模

度差的塑料制品。

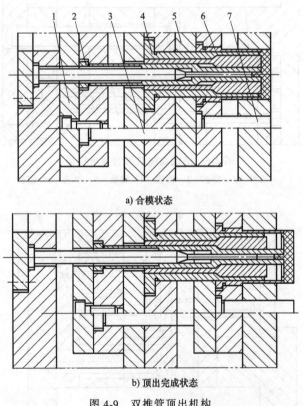

a) 合模状态

b) 顶出完成状态

图 4-9 双推管顶出机构

1、5—推板 2、6—推管 3—推杆 4—型芯 7—复位杆

图 4-10 所示为螺钉限位推板顶出机构。推杆 1 推动推板 4 顶出制品，推板 4 与动模板 5 为圆柱面配合，起引导作用。螺钉 2 起限位作用，保证推板顶出完成后仍然在动模内。图中，$\alpha = 3° \sim 5°$，$H > L$。

图 4-11 所示为推杆引导推板顶出结构。推杆 1 推动推板 4 顶出制品，推板 4 与动模板 5 及型芯 2 相互间为圆锥面配合，合模过程中由推杆 1 引导推板 4 复位。图 4-11 中，$\alpha = 3° \sim 5°$。

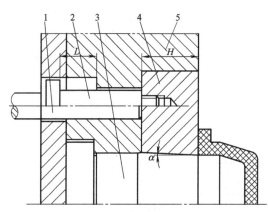

图 4-10　螺钉限位推板顶出机构
1—推杆　2—限位螺钉　3—型芯　4—推板　5—动模板

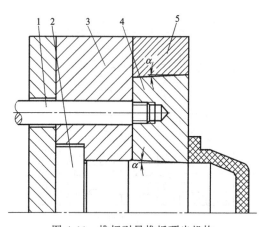

图 4-11　推杆引导推板顶出机构
1—推杆　2—型芯　3—动模　4—推板　5—动模板

图 4-12 所示为导柱引导推板顶出机构。推杆 1 推动推板 4 顶出制品，推板 4 与型芯 3 为锥面配合，推动灵活，不易擦伤型芯。推板由导柱 2 引导。图 4-12 中，$\alpha = 3° \sim 5°$。

图 4-13 所示为推板强制顶出机构。利用塑料制品本身所具有的弹性，对内侧凸凹形状较浅的制品，在顶出过程中，推板 4 强制将制品顶出。常用于聚乙烯等软质塑料。图 4-13 中，$\alpha = 3° \sim 5°$。

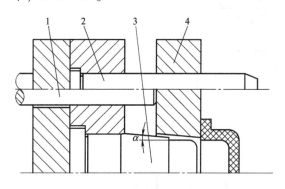

图 4-12　导柱引导推板顶出机构
1—推杆　2—导柱　3—型芯　4—推板

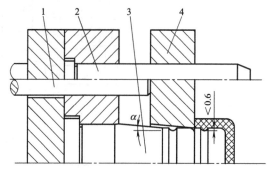

图 4-13　推板强制顶出机构
1—推杆　2—导柱　3—型芯　4—推板

图 4-14 所示为二次开型推板顶出机构。图 4-14a 为合模状态，图 4-14b 为顶出完成状态。开模时，由于定距螺钉 5 的作用，带动推杆 2 及推料杆 3 将浇口脱落，随后机床顶杆直接推动推杆 7 及推板 6，将制品从型芯 9 上顶出，此机构适用于笔杆等细长管型制品。

图 4-15 所示为转动式推板顶出机构。图 4-15a 为合模状态，图 4-15b 为顶出完成状态。开模时，首先脱开点浇口，然后由球面推杆 11 推动推板 10，由于推板 10 可绕轴 4 转动，因此可以顺利地将带弧形孔的制品顶出。推板 10 回转半径 R 等于制品的成型半径。

图 4-16 所示为两半型推板顶出机构。顶出时，推杆 2 推动两半型推板 4，使制品脱离型芯 5，继续顶出时，在推杆 2 内斜面作用下，推杆 2 向外侧分开，并带动两半推板 4 分开而脱离制品，合模时，由推杆 2 的外斜面将推板 4 闭合。图中，$S > h$，$S_1 > S$。

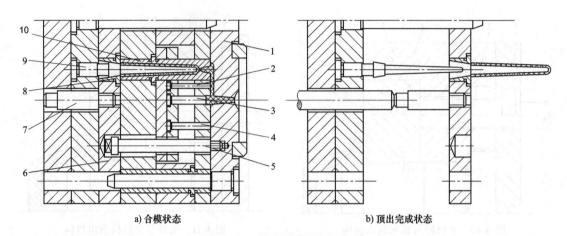

a) 合模状态   b) 顶出完成状态

图 4-14 二次开型推板顶出机构

1—定模 2、7—推杆 3—推料杆 4—复位杆 5—定距螺钉 6—推板 8—衬套 9—型芯 10—凹模

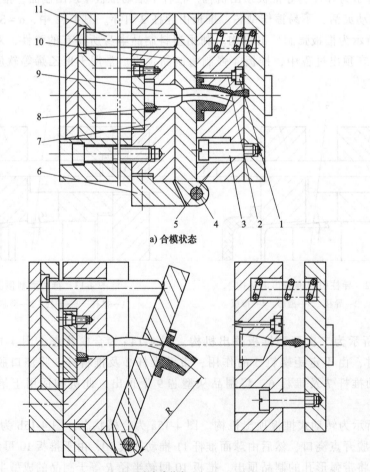

a) 合模状态

b) 顶出完成状态

图 4-15 转动式推板顶出机构

1—螺塞 2、9—型芯 3—限位螺钉 4—轴 5—动定模 6—支座 7—固定板
8—止动销 10—推板 11—球面推杆

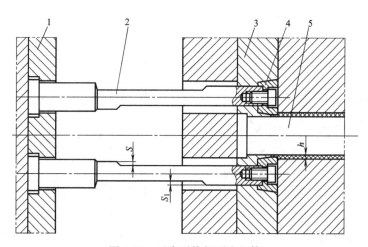

图 4-16　两半型推板顶出机构

1—推杆板　2—推杆　3—动模板　4—推板　5—型芯

图 4-17 所示为成型推杆顶出机构。开模时，制品靠成型推杆 4 带到动模上。然后在机床顶杆的作用下，通过成型推杆 4 及推杆 5 将制品从动模 6 内顶出。最后用手取下制品。此种结构多用在制品内表面不允许有推杆痕迹的情况。

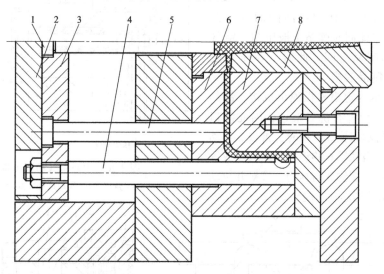

图 4-17　成型推杆顶出机构

1—推料杆　2—平板　3—推杆板　4—成型推杆　5—推杆　6—动模　7—镶块　8—浇口套

图 4-18 所示为定动模气动顶出机构。有的制品时而留在动模，时而留在定模，而且在要求制品表面无明显推杆痕迹的情况下，采用同时在动模和定模分别设置气动顶出机构，若开型后制品停留在动模，开通动模内的压缩空气顶出制品。若开型后制品停留在定模，开通定模内的压缩空气顶出制品。

图 4-19 所示为矩形截面制品气动顶出机构。对一个矩形截面制品如果只用一个中心气动推杆顶出，受力不均衡，而用两个或多个气动推杆顶出，可以得到良好的效果。

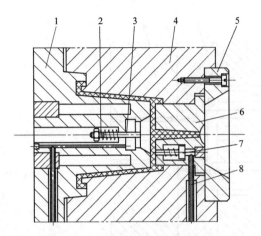

图 4-18　定动模气动顶出机构

1—动模　2—弹簧　3、7—气动推杆　4—定模
5—定位圈　6—浇口套　8—进气管

图 4-19　矩形截面制品气动顶出机构

1—型芯　2—弹簧　3—气动推杆

图 4-20 所示为中心阀气动顶出机构。中心阀气动顶出机构适用于圆形截面的制品，当 0.4 ~ 0.6MPa（4 ~ 6kgf/cm^2）的压缩空气吹入气室时，作为单向阀的气动推杆 2 被顶出，与此同时弹簧 1 被压缩，空气进入型芯 3 和制品之间。此时，在压缩空气的作用下使制品脱模。

图 4-21 所示为定模推板顶出机构。制品外观（A 面）不允许有浇口痕迹，因此浇口位置只能按图所示布置。开模时，推板 2 与动模 6 首先分型，当动模 6 移动的距离大于或等于制品的高度时，摆钩 3 与挂钩 4 接触并拉动推板 2，将制品从型芯 9 上脱出。

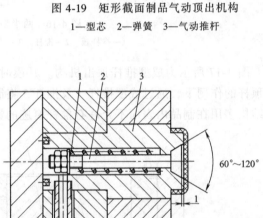

压缩空气

图 4-20　中心阀气动顶出机构

1—弹簧　2—气动推杆　3—型芯

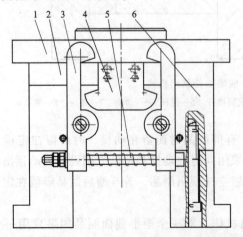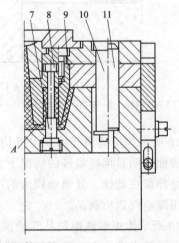

图 4-21　定模推板顶出机构

1—定模板　2—推板　3—摆钩　4—挂钩　5—支承杆　6—动模　7、8、9—型芯　10—限位钉　11—导柱

图 4-22 所示为定模弹簧推板顶出机构。开模时，由于弹簧 7 的作用，定模推板 5 始终将制品推向动模，当限位板 9 拉住圆柱销 8 后，使动模 4 与定模推板 5 分型，由推杆 1 顶出制品。

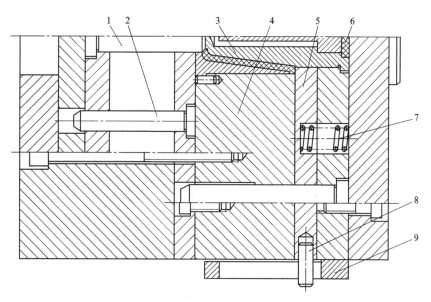

图 4-22　定模弹簧推板顶出机构

1—推杆　2—导柱　3—型芯　4—动模　5—定模推板　6—密封垫

7—弹簧　8—圆柱销　9—限位板

图 4-23 所示为定模胶皮弹力顶出机构。开模时，橡胶的弹力始终作用于型芯推杆 5，迫使制品脱离定模而留在型芯 3 上，然后由推板 2 顶出制品。

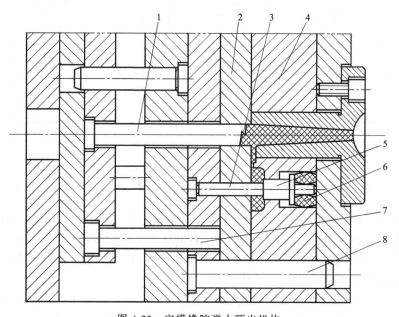

图 4-23　定模橡胶弹力顶出机构

1—拉料杆　2—推板　3—型芯　4—定模　5—芯型推杆　6—橡胶　7—推杆　8—导柱

图 4-24 所示为定模拉板脱模机构。图 4-24a 为合模状态，图 4-24b 为顶出完成状态。开模时，斜楔 2 作用于拉钩 5，迫使拉板 3 与定模板 1 首先分型，使制品留在动模上。当斜楔 2 脱离拉钩 5 后，拉钩 5 由于弹簧 4 的作用也脱离拉板 3，斜活块 7 与拉板 3 分型，然后推杆 9 将斜活块 7 一同顶出，在模外分开斜活块 7，取出制品。

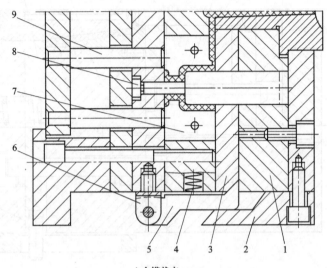

a) 合模状态

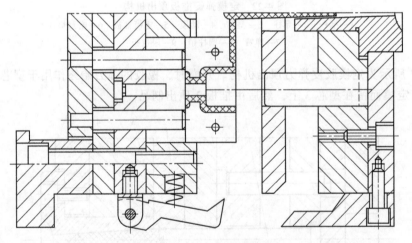

b) 顶出完成状态

图 4-24　定模拉板脱模机构

1—定模板　2—斜楔　3—拉板　4—弹簧　5—拉钩　6—支座　7—斜活块　8—型芯　9—推杆

图 4-25 所示为弹簧式定模顶出机构。开模时，模板 6 与模板 7 在弹簧 1 作用下首先分型。继续开模，模板 6 与限位拉杆 8 接触后，停止分型。由于制品对型芯 4 的包紧力及点浇口拉力，制品与推板 5 被带往定模一侧。当弹簧 2 被拉到一定程度而拉力达到一定时，则拉动推板 5 将制品从型芯 4 上脱出。同时点浇口被拉断。

图 4-26 所示为定模推杆、动模推管顶出机构。开模时，定模 7 与定模板 9 在弹簧 8 的作用下首先分型。当拉杆 12 拉住圆柱销 11 后，迫使定模 7 与推板 3 分型，同时弹簧 5 及推杆 4 使制品从镶件 6 内脱出，被带到动模上，由推板 3 将制品顶出。

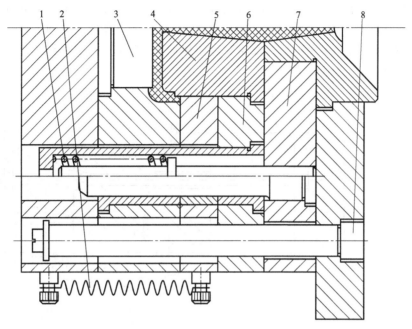

图 4-25　弹簧式定模顶出机构

1、2—弹簧　3、4—型芯　5—推板　6、7—模板　8—限位拉杆

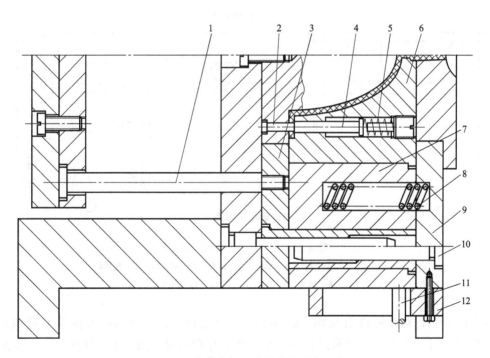

图 4-26　定模推杆、动模推管顶出机构

1、4—推杆　2—型芯　3—推板　5、8—弹簧　6—镶件　7—定模
9—定模板　10—导柱　11—圆柱销　12—拉杆

图 4-27 所示为定、动模分别顶出机构。图 4-27a 为合模状态,图 4-27b 为顶出完成状态。由于型芯 4 固定在定模上,制品对型芯 4 的包紧力促使制品紧紧地包在定模上,因此需要在定模部分设置顶出机构。开模时,由于挂钩 10 的作用,推板 5 将制品推向动模并抽动型芯 4,当动模部分移动 L 距离后,滚轮 8 迫使挂钩 10 脱离锁块 11,继续抽出型芯,然后由推杆 1 从动模 3 顶出制品。图中,$L>t$。

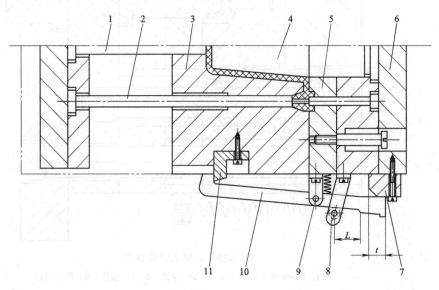

a) 合模状态

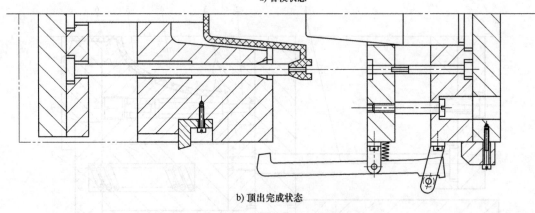

b) 顶出完成状态

图 4-27 定、动模分别顶出机构

1—推杆 2、4—型芯 3—动模 5—推板 6—定模板 7—塞紧块
8—滚轮 9—轴 10—挂钩 11—锁块

图 4-28 所示为定模顶出机构。图 4-28a 为合模状态,图 4-28b 为侧抽芯完成状态,图 4-28c 为顶出完成状态。开模过程中,当开模至 l_1 距离时,侧型芯 5 完成抽芯,继续开模至 l_3 距离,弹性套 7 带动套筒 8 通过推杆 6 推动制品,继续开模 l_2,推杆 6 推动制品及螺纹型芯一起脱出定模 2,随后楔杆 1 脱开弹性套 7,此时弹性套 7 和套筒 8 在锥面作用下收缩并与其脱开,顶出结束后,推杆 6 由弹簧 9 复位。图中,$l_3>l_1$,$l_2 \geq l$。

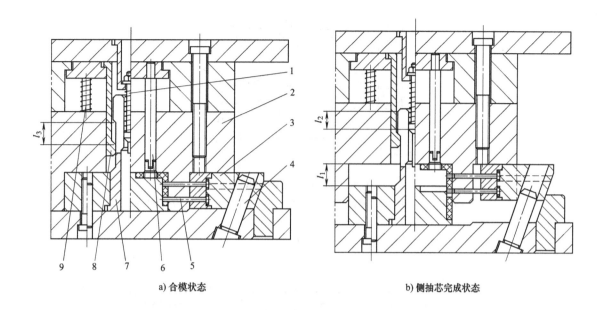

a) 合模状态　　　　　　　　　　　　b) 侧抽芯完成状态

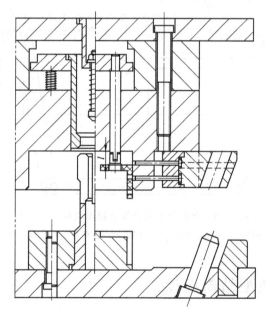

c) 顶出完成状态

图 4-28　定模顶出机构

1—楔杆　2—定模　3—滑块　4—斜拉杆　5—侧型芯　6—推杆　7—弹性套　8—套筒　9—弹簧

图 4-29 所示为定模弹簧推板顶出机构。开模时，弹簧 6 始终压住推板 3，迫使制品留在动模 2 内，然后由推管 1 将制品顶出。

图 4-30 所示为定模带动拉杆推管顶出机构。开模时，定模 1 带动拉杆 2 及 4，从而带动推管 9 将制品顶出。它适用于机床顶出行程不足以顶出制品的场合。

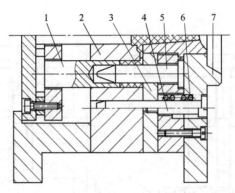

图 4-29　定模弹簧推板顶出机构

1—推管　2—动模　3—推板　4—限位螺钉　5—型芯　6—弹簧　7—定模板

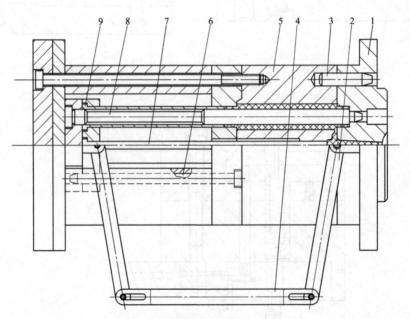

图 4-30　定模带动拉杆推管顶出机构

1—定模　2、4—拉杆　3、6—导柱　5—动模　7—推料杆　8—型芯　9—推管

4.2　联合顶出机构典型结构设计

图 4-31 所示为推杆、推管联合顶出机构。顶出时，推杆 1 通过圆柱销 3 带动推管 4，同时将制品从动模 5 中顶出。此种结构顶出可靠，适用于较长的管型塑料制品。

图 4-32 所示为多型芯推管推板联合顶出机构。顶出时，推杆 2 及推板 4 同时将制品顶出，可避免制品的变形或损坏。尤其对具有多个小孔的平板塑料制品颇为有利。

图 4-33 所示为推杆、推管联合顶出机构。制品为蜗杆，为了不损伤制品，采用推杆 3 及推管 4 联合顶出。顶出时，制品与齿型凹模 6 同时被顶出，在模外从齿型凹模 6 中取出制品。

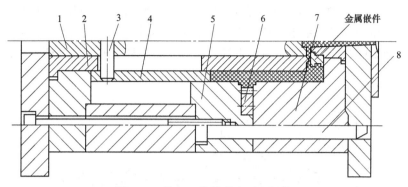

图 4-31 推杆、推管联合顶出机构

1—推杆 2—型芯 3—圆柱销 4—推管 5—动模 6—齿轮外形镶块 7—定模 8—导柱

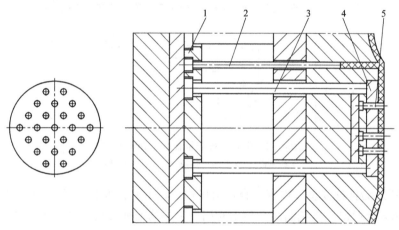

图 4-32 多型芯推管推板联合顶出机构

1—推杆板 2、3—推杆 4—推板 5—型芯

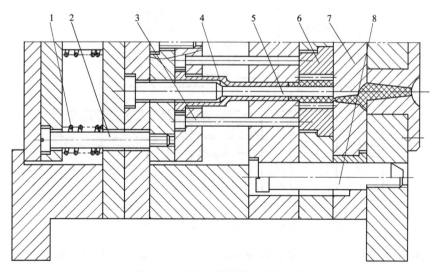

图 4-33 推杆、推管联合顶出机构

1—弹簧 2、3—推杆 4—推管 5—型芯 6—齿型凹模 7—浇口板 8—限位螺钉

　　图 4-34 所示为中心推杆与推板联合顶出机构。对薄壁深筒形制品，由于制品与型芯之间呈真空状态，单用推板或单用推杆顶出，制品顶出困难，并造成制品变形或损坏。采用中心推杆 4 与推板 3 联合顶出，则可避免上述情况，中心推杆 4 的端头为圆锥形，推杆推动少许，空气则从推杆周围空隙进入，有利于制品顶出。

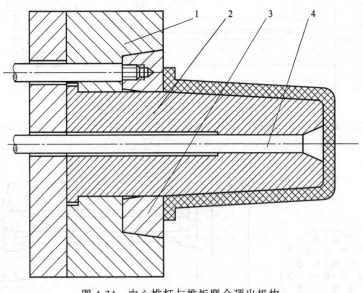

图 4-34　中心推杆与推板联合顶出机构
1—动模板　2—型芯　3—推板　4—中心推杆

　　图 4-35 所示为推杆复位、推管联合顶出机构。顶出时，推管 4 及推杆 5 同时推动制品，将制品从型芯 6 上脱出。避免制品在顶出时因受力不均而变形或损坏。推管 5 在此兼起复位杆作用。当制品内有管形凸起时，宜采用推杆推管联合顶出。

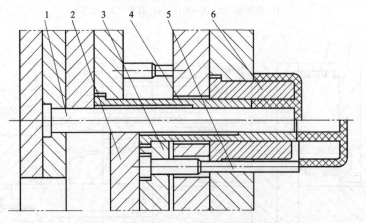

图 4-35　推杆复位、推管联合顶出机构
1—型芯　2—平板　3—推杆板　4—推管　5—推杆　6—型芯

　　图 4-36 所示为推杆、推管、推板联合顶出机构。顶出时，推板 1、推杆 2、推管 3、推杆 4 同时推动制品，使制品在顶出时受力均匀，防止制品产生变形或损坏，同时便于安放金属嵌件。

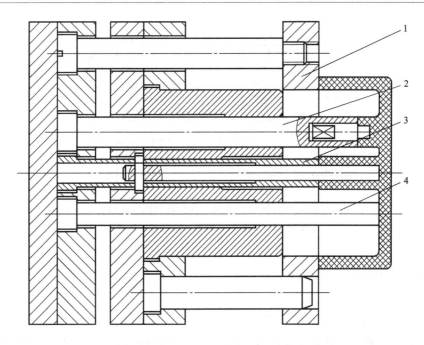

图 4-36 推杆、推管、推板联合顶出机构
1—推板 2、4—推杆 3—推管

图 4-37 所示为推板、推管联合顶出机构。顶出时,推板 1 及推管 4 同时推动制品,将制品从型芯 2 及型芯 3 上脱出。当制品内有管形凸起时,宜采用推板推管顶出。

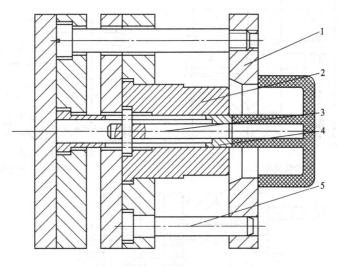

图 4-37 推板、推管联合顶出机构
1—推板 2、3—型芯 4—推管 5—导柱

图 4-38 所示为气动中心阀与推板联合顶出机构。制品成型后,制品的内壁与型芯 5 贴合较严造成负压,因而设置气阀。顶出瞬间靠大气压力推动阀杆 3,使空气进入,消除负压,从而使推板 2 顺利顶出制品,并避免制品变形。

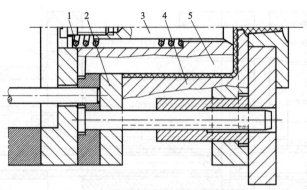

图4-38　气动中心阀与推板联合顶出机构

1—弹簧　2—推板　3—阀杆　4—定模　5—型芯

4.3　二次顶出机构典型结构设计

图4-39所示为弹顶式二次顶出机构。图4-39a为合模状态，图4-39b为第一次顶出完成状态，图4-39c为第二次顶出完成状态。开模时，机床顶杆推动推板7，带动推杆4、动模板1移动。同时带动限位螺钉5，使弹簧8被压缩，并促使推板6及推杆2同时移动。从而动模板1及推杆2共同顶动制品脱开型芯3，完成第一次顶出动作。当弹簧8被压缩到弹力达到一定程度时，便推动推板6及推杆2从动模板中顶出制品。图中，$l_1 \geq h_1$，$l_2 \geq h_2$。

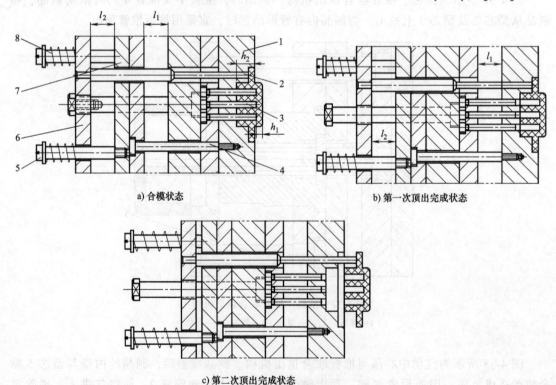

a) 合模状态　　　　　　　　　　　　b) 第一次顶出完成状态

c) 第二次顶出完成状态

图4-39　弹顶式二次顶出机构

1—动模板　2、4—推杆　3—型芯　5—限位螺钉　6、7—推板　8—弹簧

　　图 4-40 所示为弹簧二次顶出机构。图 4-40a 为合模状态，图 4-40b 为第一次顶出完成状态，图 4-40c 为第二次顶出完成状态。开模时，当机床顶杆顶动顶块 4 时，随之推板 5、推杆 7 及动模板 8 被顶动、同时带动限位螺钉 1，使弹簧 2 被压缩，并促使推板 3 及推杆 6 同时移动，动模板 8 及推杆 6 同时顶动制品脱开型芯 9，完成第一次顶出动作。当弹簧 2 被压缩到弹力达到一定程度时，便推动推板 3 及推杆 6 从动模板 8 中顶出制品。图 4-40 中，$l_1 \geqslant h_1$，$l_2 \geqslant h_2$，$l_3 = l_2 + (0.5 \sim 1) \, \text{mm}$。

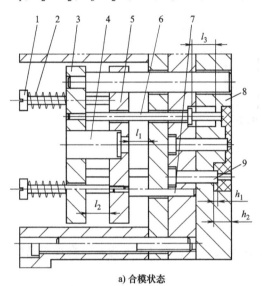

a) 合模状态

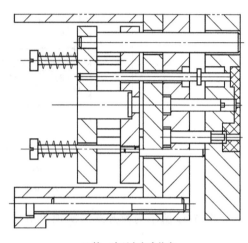

b) 第一次顶出完成状态

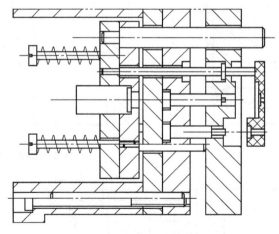

c) 第二次顶出完成状态

图 4-40　弹簧二次顶出机构

1—限位螺钉　2—弹簧　3、5—推板　4—顶块　6、7—推杆　8—动模板　9—型芯

　　图 4-41 所示为弹簧推板二次顶出机构。图 4-41a 为合模状态，图 4-41b 为第一次顶出完成状态，图 4-41c 为第二次顶出完成状态。开模后，在弹簧 5 的作用下，动模板 4 推动制品脱开型芯 2，完成第一次顶出动作，然后机床顶杆推动推杆 3 将制品强行从动模板 4 的型腔中顶出。图中，$l_1 \geqslant h_1$，$l_2 \geqslant h_2$，$L \geqslant l_1 + l_2$。

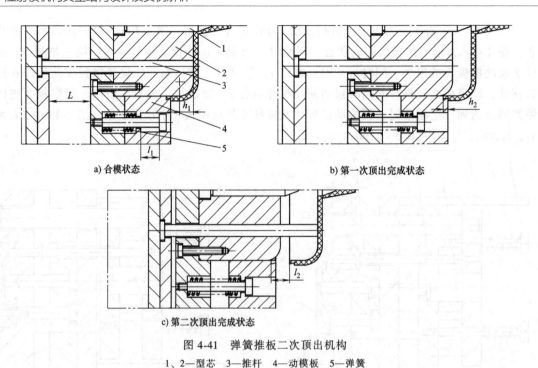

a) 合模状态 b) 第一次顶出完成状态

c) 第二次顶出完成状态

图 4-41　弹簧推板二次顶出机构

1、2—型芯　3—推杆　4—动模板　5—弹簧

图 4-42 所示为弹开式二次顶出机构。图 4-42a 为合模状态，图 4-42b 为第一次顶出完成

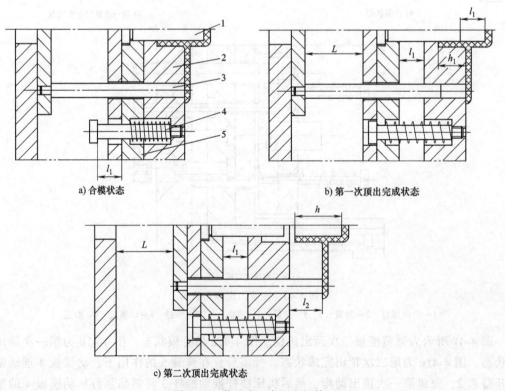

a) 合模状态 b) 第一次顶出完成状态

c) 第二次顶出完成状态

图 4-42　弹开式二次顶出机构

1—型芯　2—动模板　3—推杆　4—弹簧　5—固定板

状态，图4-42c为第二次顶出完成状态。开模至一定距离时，由于弹簧4的作用，使动模板2移动距离 l_1，制品脱出型芯的长度为 l_1，因制品有出模斜度，消除了对型芯的包紧力。完成第一次顶出后，由于机床顶杆作用，推杆3将制品完全顶出型腔。合模时，须用复位杆将推杆复位。采用此种弹开式二次顶出时，应同时设置定距分型机构，以确保开模一定距离后再进行顶出动作，防止制品被留在定模。图4-42中，$l_2 \geqslant h_1$，$L = l_1 + l_2 \geqslant h$。

图4-43所示为浮动型芯式二次顶出机构。图4-43a为合模状态，图4-43b为第一次顶出完成状态，图4-43c为第二次顶出完成状态。顶出时，推杆4推动推板5使制品脱离型芯2，消除对制品中心部位的外部阻碍，与此同时，由于制品中心部位的凹入形状的作用，迫使型芯1随制品移动，当限位螺钉3限位后，继续顶出时推板5将制品从型芯1上强迫脱出。图4-43中，$l_1 \geqslant h_1$，$l_2 \geqslant h_2$，$L = l_1 + l_2$。

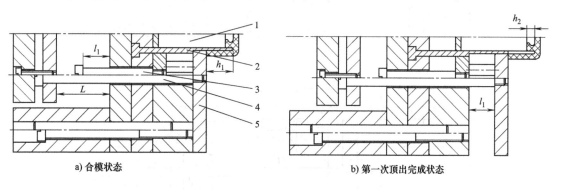

a) 合模状态　　　　　　　　　　　　　b) 第一次顶出完成状态

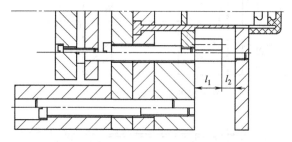

c) 第二次顶出完成状态

图4-43　浮动型芯式二次顶出机构
1、2—型芯　3—限位螺钉　4—推杆　5—推板

图4-44所示为定模拉杆二次顶出机构。图4-44a为合模状态，图4-44b为第一次顶出完成状态，图4-44c为第二次顶出完成状态。开模时，潜伏浇口即被切断，当开模至 l 距离时，拉杆4被拉动，并带动顶板7及推杆5推动推板6，使制品脱离型芯2。当顶板7顶动推杆1时，推杆1将浇口从型芯2中顶出，同时制品全部离开型芯。采用此种方式可以减小开模距离，浇口长度不占用总开模距离。但应注意拉杆4的长度与机床的开模距离协调，避免发生事故。图4-44中，$l_1 \geqslant h_1$，$l_2 \geqslant h_2$，$l = h + (5 \sim 10)$ mm。

图4-45所示为阶形推杆二次顶出机构。图4-45a为合模状态，图4-45b为第一次顶出完成状态，图4-45c为第二次顶出完成状态。顶出时，首先由阶形推杆1推动模板2，使制品脱出型腔。当阶形推杆1接触推板8时，推板4与推管6同时将制品顶出。此种顶出方式的

特点是便于放嵌件，且保证制品安装面平直。图 4-45 中，$l_1 > h_1$，$l_2 \geqslant h_2$，$l_3 \geqslant l_2$，$L = l_1 + l_3$。

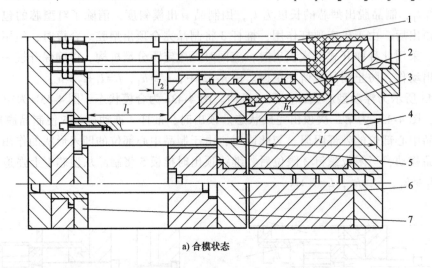

a) 合模状态

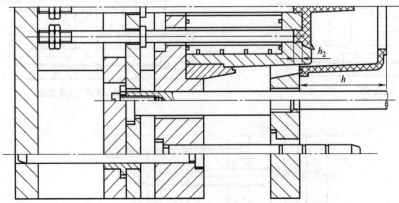

b) 第一次顶出完成状态

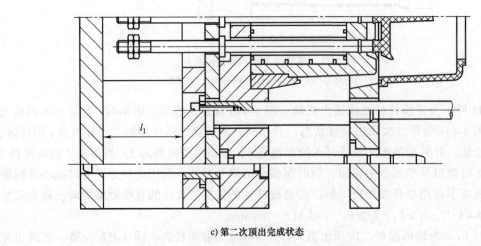

c) 第二次顶出完成状态

图 4-44　定模拉杆二次顶出机构

1、5—推杆　2—型芯　3—定模　4—拉杆　6—推板　7—顶板

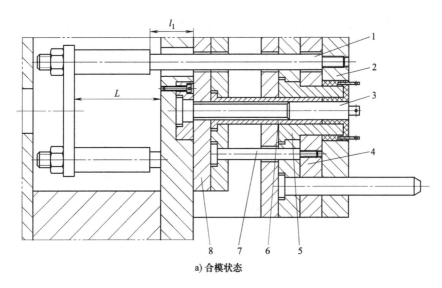

a) 合模状态

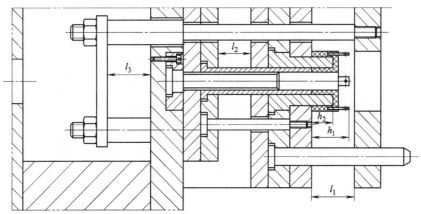

b) 第一次顶出完成状态

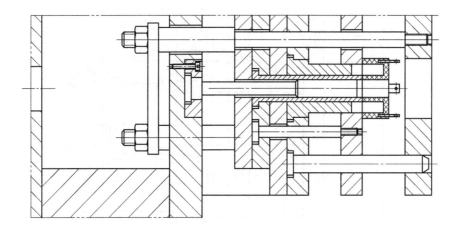

c) 第二次顶出完成状态

图 4-45 阶形推杆二次顶出机构

1—阶形推杆 2—动模板 3、5—型芯 4、8—推板 6—推管 7—推杆

图 4-46 所示为铰链式二次顶出机构。图 4-46a 为合模状态，图 4-46b 为第一次顶出完成

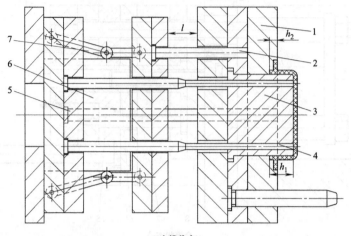

a) 合模状态

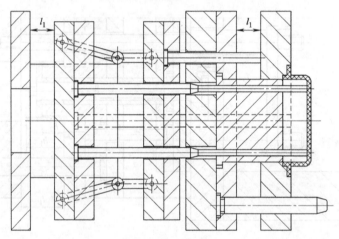

b) 第一次顶出完成状态

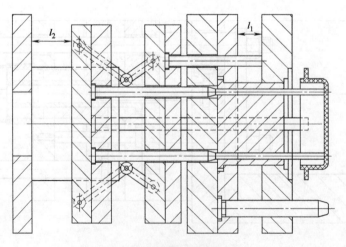

c) 第二次顶出完成状态

图 4-46 铰链式二次顶出机构

1—动模板 2、4—推杆 3—型芯 5—复位杆 6—挡块 7—连杆

状态，图4-46c为第二次顶出完成状态。第一次顶出阶段，由于挡块6限制了连杆7的转动，而使推杆4和2同步前进，推动制品和动模板1，将制品脱离型芯3，完成第一次顶出动作。此时连杆7已进入可以转动状态。顶出动作继续进行，推杆2则停止前进，而推杆4则将制品从动模板1的型腔中顶出。图4-46中，$l_1 \geq h_1$，$l \geq l_1$，$l_2 - l_1 \geq h_2$。

图4-47所示为楔板滑块式二次顶出机构。图4-47a为合模状态，图4-47b为第一次顶出完成状态，图4-47c为第二次顶出完成状态。顶出时，推动推杆3、5和动模板1，使制品脱

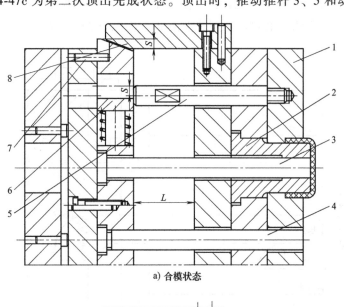

a) 合模状态

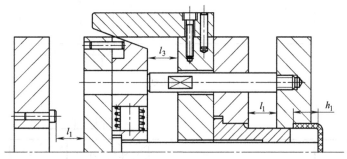

b) 第一次顶出完成状态

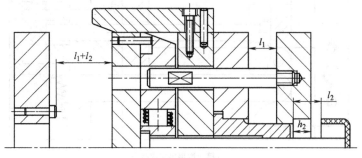

c) 第二次顶出完成状态

图4-47 楔板滑块式二次顶出机构

1—动模板 2—型芯 3、5—推杆 4—复位杆 6—滑块 7—止动销 8—楔板

出型芯 2，当楔板 8 迫使滑块 6 滑动至其上的孔对准推杆 5 时，完成第一次顶出，顶出动作继续进行，则推杆 3 将制品从动模板 1 中顶出。图中 $l_1>h_1$、$l_2 \geqslant h_2$、$l_3 \geqslant l_2$、$L=l_1+l_2$。

图 4-48 所示为竖摆杆式二次顶出机构。图 4-48a 为合模状态，图 4-48b 为第一次顶出完成状态，图 4-48c 为第二次顶出完成状态。顶出时，由于 U 形架 6 的作用，通过摆杆 7 及圆柱销 4，使动模板 1 与推杆 3 同时推动制品脱开型芯 2，完成第一次顶出动作。当顶出距离大于 l 时，U 形架 6 消除对摆杆 7 的限制，圆柱销 4 使摆杆 7 张开，动模板 1 停止移动，并由限位板 9 限位。推杆 3 继续推动制品，将制品从型腔中顶出。图中，$l_1 \geqslant h_1$，$l_1 \geqslant l$，$L-l_1 \geqslant h_2$。

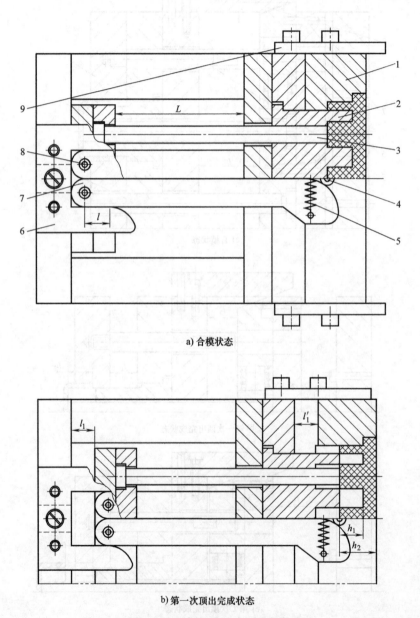

a) 合模状态

b) 第一次顶出完成状态

图 4-48 竖摆杆式二次顶出机构

1—动模板 2—型芯 3—推杆 4—圆柱销 5—拉簧 6—U 形架 7—摆杆 8—轴 9—限位板

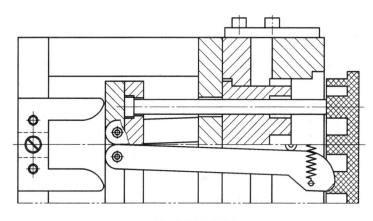

c) 第二次顶出完成状态

图 4-48 竖摆杆式二次顶出机构（续）

图 4-49 所示为侧面摆杆二次顶出机构。图 4-49a 为合模状态，图 4-49b 为第一次顶出完

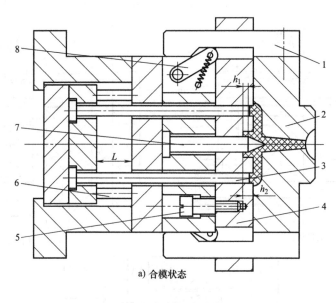

a) 合模状态

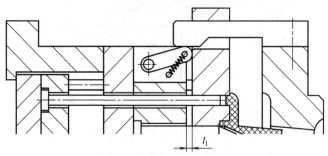

b) 第一次顶出完成状态

图 4-49 侧面摆杆二次顶出机构

1—拉钩 2—定模 3—推杆 4—推板 5—限位螺钉 6—复位杆 7—型芯 8—摆杆

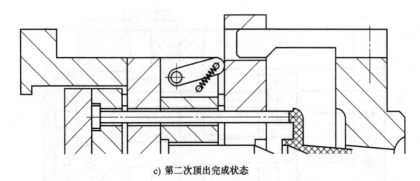

c) 第二次顶出完成状态

图 4-49 侧面摆杆二次顶出机构（续）

成状态，图 4-49c 为第二次顶出完成状态。当开模到一定距离时，拉钩 1 接触摆杆 8，迫使摆杆 8 推动推板 4 移动，使制品脱开型芯 7，完成第一次顶出动作。然后由机床顶杆推动推杆 3 将制品顶出型腔。图中，$l_1 \geqslant h_1$，$L \geqslant l_1 + h_2$。

图 4-50 所示为弹性套式二次顶出机构。图 4-50a 为合模状态，图 4-50b 为第一次顶出完

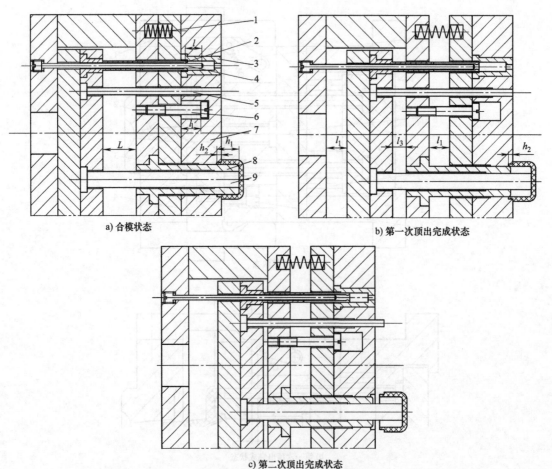

a) 合模状态

b) 第一次顶出完成状态

c) 第二次顶出完成状态

图 4-50 弹性套式二次顶出机构

1—弹簧 2—弹性套 3—衬套 4—心杆 5—复位杆 6—限位螺钉 7—推板 8—型芯 9—推杆

成状态，图 4-50c 为第二次顶出完成状态。第一次顶出阶段，由于心杆 4 使弹性套 2 处于胀
开状态，弹性套 2 借助弹簧 1 的辅助作用，推动衬套 3 和推板 7 移动 l_1 距离，使制品脱离型
芯 8，完成第一次顶出。此时心杆 4 脱离弹性套 2，使弹性套 2 处在自由状态，顶出动作继
续进行时，弹性套 2 的头部进入衬套 3。不再顶动衬套 3 及推板 7，并由于限位螺钉 6 的作
用，推板 7 停止移动，而顶出仍在继续进行，这样推杆 9 推动制品脱离推板 7 的型腔。

　　图 4-51 所示为弹性套式二次顶出机构。图 4-51a 为合模状态，图 4-51b 为第一次顶出完
成状态，图 4-51c 为第二次顶出完成状态。第一次顶出阶段，由于心杆 8 使弹性套 7 处于胀

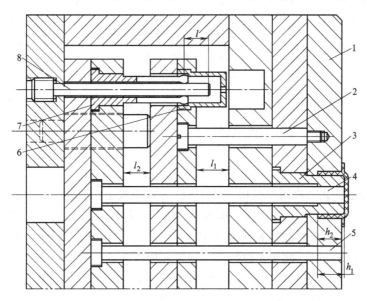

a) 合模状态

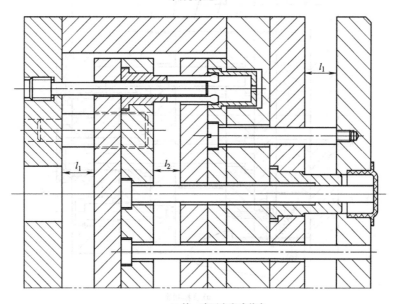

b) 第一次顶出完成状态

图 4-51　弹性套式二次顶出机构

1—动模板　2、4—推杆　3—型芯　5—复位杆　6—衬套　7—弹性套　8—心杆

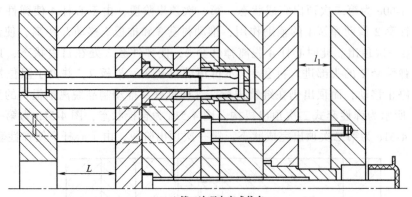

c) 第二次顶出完成状态

图 4-51 弹性套式二次顶出机构（续）

开状态，弹性套推着衬套 6，使推杆 2 和 4 同步前进，推动动模板 1 和制品，将制品脱离型芯 3，完成第一次顶出，此时心杆 8 脱离弹性套 7，使弹性套 7 处于自由状态，顶出动作继续进行，这时，弹性套 7 的头部进入衬套 6，不再顶动推杆 2 及动模板 1，与此同时推杆 4 将制品从型腔中顶出。图 4-51 中，$l \leqslant l_1$，$l_1 \geqslant h_1$，$l_2 \geqslant h_2$，$L = l_1 + l_2$。

图 4-52 所示为摆钩式二次顶出机构。图 4-52a 为合模状态，图 4-52b 为第一次顶出完成状态，图 4-52c 为第二次顶出完成状态。顶出时，机床顶杆推动推板 7，由于摆钩 5 的作用，推板 6 也同时被带动，从而使推杆 8 推动动模板 3 与推杆 2 同时移动，将制品脱离型芯 1，完成第一次顶出动作。此时，摆钩 5 被打开，推板 6 停止移动，而推板 7 继续移动，推动推杆 2 将制品顶出型腔。图 4-52 中，$l_1 \geqslant h_1$，$l_2 \geqslant h_2$，$L \geqslant h_1 + h_2$ 或 $L = l_1 + l_2$。

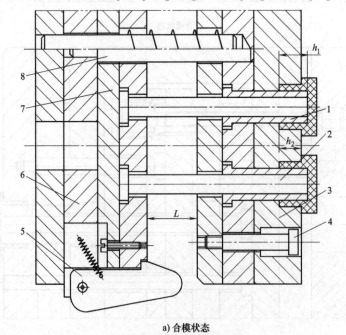

a) 合模状态

图 4-52 摆钩式二次顶出机构

1—型芯 2、8—推杆 3—动模板 4—限位螺钉 5—摆钩 6、7—推板

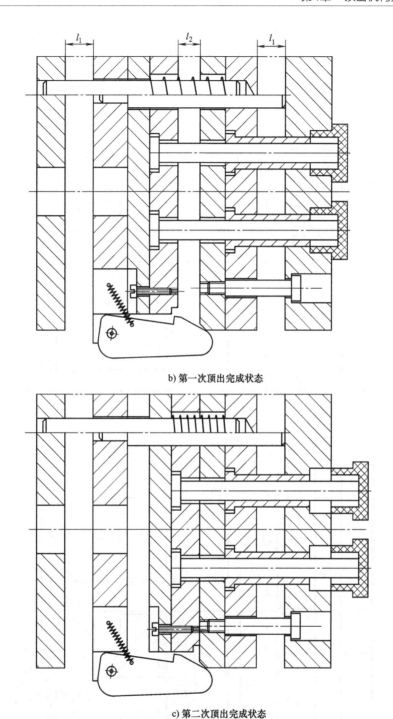

b) 第一次顶出完成状态

c) 第二次顶出完成状态

图 4-52 摆钩式二次顶出机构（续）

图 4-53 所示为摆钩式二次顶出机构。图 4-53a 为合模状态，图 4-53b 为第一次顶出完成状态，图 4-53c 为第二次顶出完成状态。顶出时，由于摆钩 8 的作用，使推板 6、推板 7 同时动作，推板 1 在推杆 2 的推动下，与推杆 4 同时推动制品脱出型芯 3，完成第一次顶出动

作。此时，摆钩 8 被打开，推板 6、推杆 2 及推板 1 停止移动，而推杆 4 则继续推动制品，将制品顶出型腔。图 4-53 中，$l_1 \geqslant h_1$，$l_2 \geqslant h_2$，$L = l_1 + l_2$。

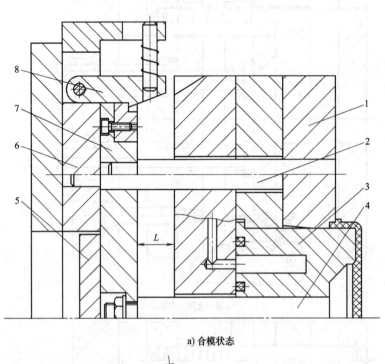

a) 合模状态

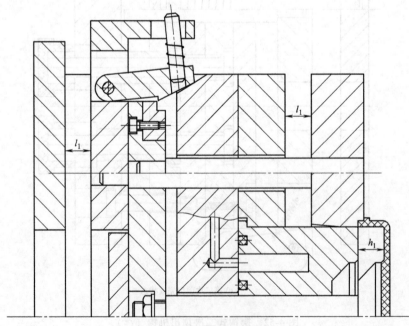

b) 第一次顶出完成状态

图 4-53　摆钩式二次顶出机构

1、6、7—推板　2、4—推杆　3—型芯　5—顶板　8—摆钩

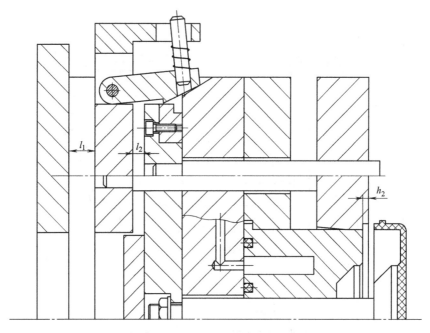

c) 第二次顶出完成状态

图 4-53 摆钩式二次顶出机构（续）

图 4-54 所示为摆块式超前二次顶出机构。图 4-54a 为合模状态，图 4-54b 为第一次顶出完成状态，图 4-54c 为第二次顶出完成状态。顶出时，推杆 4、2 推动着动模板 1 和制品一起移动 l_1 距离，使制品脱出型芯 3，完成第一次顶出。此时压杆 5 与摆块 6 接触，继续顶出时，推杆 4 推动模板 1 继续移动，同时，由于压杆 5 迫使摆块 6 摆动，推杆 2 做比动模板 1 更快的移动，将制品从型腔中顶出。推杆 2 第二次顶出距离等于动模板 1 第二次顶出距离与摆块 6 摆动距离之和。图 4-54 中，$l_1 \geqslant h_1$，$l_2 \geqslant h_2$。

图 4-55 所示为三角块超前二次顶出机构。图 4-55a 为合模状态，图 4-55b 为第一次顶出完成状态，图 4-55c 为第二次顶出完成状态。顶出第一阶段，机床顶杆推动推板 8 使推杆 1、4 和推板 3 同时移动，使制品从型芯 2 上脱开一定距离，完成第一次顶出动作。此时斜楔 5 与三角块 7 开始接触，继续顶出时，推杆 1 除与推板 3 做同步移动外，还由于三角块 7 在斜楔 5 的斜面作用下做竖直移动，而使三角块 7 的另一斜面推动推板 6，使推杆 1 做比推板 3 更快的移动，从而将制品从型腔中顶出。图 4-55 中，$l = l_1 + l_2 \geqslant h_1$，$L - l = S$，$S \geqslant h_2$，一般取 $\alpha = \beta = 45°$，此时 $S = l_2$。

图 4-56 所示为三角块滞后二次顶出机构。图 4-56a 为合模状态，图 4-56b 为第一次顶出完成状态，图 4-56c 为第二次顶出完成状态。顶出时，推板 1，斜面推杆 2，推杆 3、5、6 和三角块 4 一起移动，推动推板 8 和制品，使制品脱离型芯 7，完成第一次顶出动作。此时三角块 4 的斜面移至口部，继续顶出时，由于三角块 4 在斜面上有纵向滑动，使推杆 6 滞后于推杆 5，制品被顶出推板 8 的型腔。图 4-56 中，$L \geqslant l_1 + l_2$，$l_1 + l_2 \geqslant h_1 + h_2 + S$，$S_1 \geqslant h_2$，$S_1 = l_2 - S$，一般取 $\alpha + \beta = 90°$，当 $\alpha = \beta = 45°$ 时，$S_1 = S = \dfrac{l_2}{2}$。

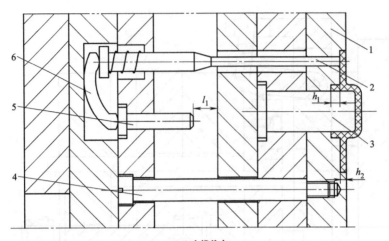

a) 合模状态

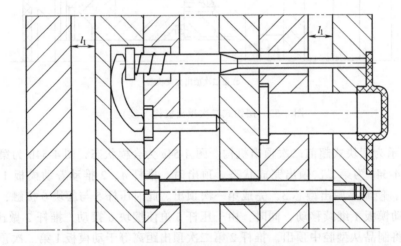

b) 第一次顶出完成状态

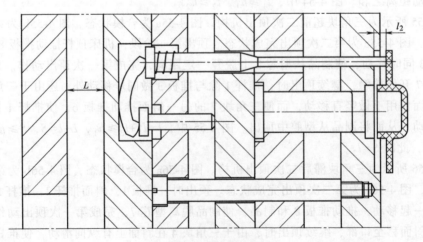

c) 第二次顶出完成状态

图 4-54 摆块式超前二次顶出机构

1—动模板 2、4—推杆 3—型芯 5—压杆 6—摆块

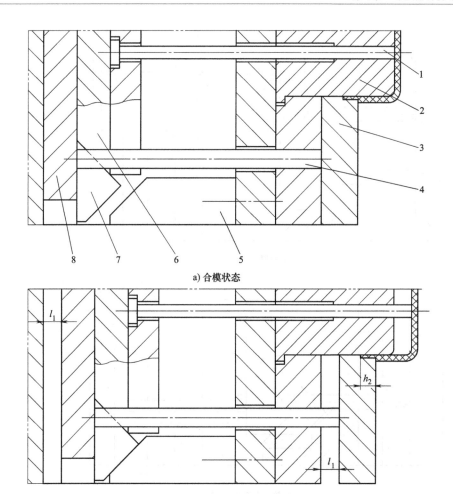

a) 合模状态

b) 第一次顶出完成状态

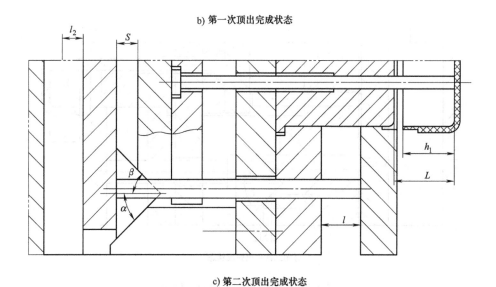

c) 第二次顶出完成状态

图 4-55　三角块超前二次顶出机构

1、4—推杆　2—型芯　3、6、8—推板　5—斜楔　7—三角块

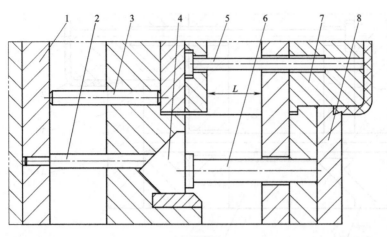

a) 合模状态

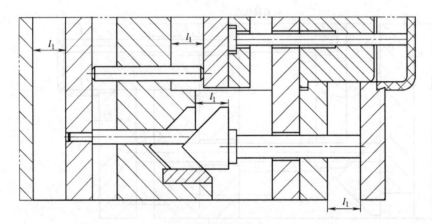

b) 第一次顶出完成状态

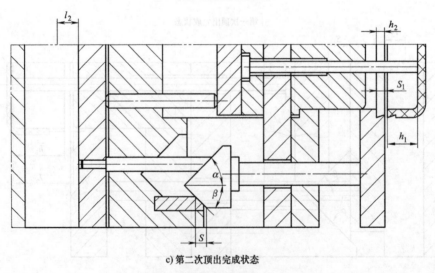

c) 第二次顶出完成状态

图 4-56 三角块滞后二次顶出机构

1、8—推板 2—斜面推杆 3、5、6—推杆 4—三角块 7—型芯

图 4-57 所示为滚珠式二次顶出机构。顶出时，由于装在活动衬套 5 内孔中的滚珠 7 的作用，推杆 2 及动模板 8 同时推动制品，使制品脱出型芯 9，完成第一次顶出动作。当滚珠 7 移动 l_1 距离进入活动衬套 5 的凹槽后，动模板 8 停止移动，推杆 2 继续推动制品，将制品顶出。复位杆 1 可同时起导向和精确复位的作用。图 4-57 中，$l_1 \geqslant h_1$，$l_2 \geqslant l_1$，$l_3 \geqslant h_2$，$S = \dfrac{d}{3}$（d—滚珠直径），$L \geqslant h_1 + h_2$ 或 $L = l_1 + l_3$。

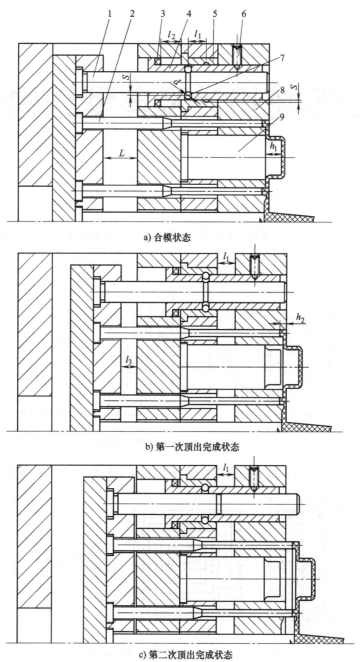

图 4-57　滚珠式二次顶出机构

1—复位杆　2—推杆　3—橡胶垫　4—衬套　5—活动衬套　6—止动螺钉　7—滚珠　8—动模板　9—型芯

第**5**章

◀◀◀◀◀◀◀

冷却系统设计及典型结构设计

5.1　冷却水路分布设计

图 5-1 所示为直浇口动、定模冷却水路分布。此种分布最为常用，加工简单，常用于无镶件和型芯的大型板形制品。

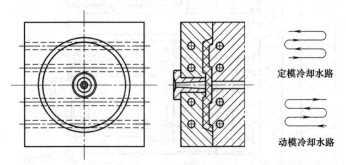

图 5-1　直浇口动、定模冷却水路分布

图 5-2 所示为中心浇口动模型芯冷却水路分布。用于大型、质量要求较高的塑料制品。

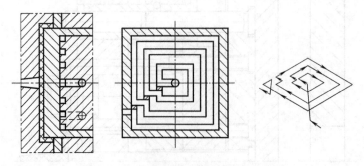

图 5-2　中心浇口动模型芯冷却水路分布

图 5-3 所示为侧浇口冷却水路分布。水路加工简单，被广泛采用。

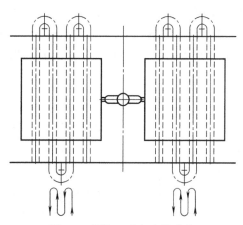

图 5-3　侧浇口冷却水路分布

　　图 5-4 所示为按制品形状分布的冷却水路。冷却均匀，适用于大型且制品质量要求高的零件。缺点是加工难度大，成本高。

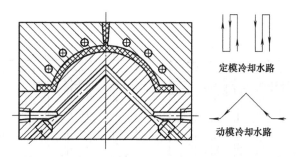

图 5-4　按制品形状分布的冷却水路

　　图 5-5 所示为深腔制品内外冷却水路分布。用于大型、深腔、质量要求较高的塑料制品。

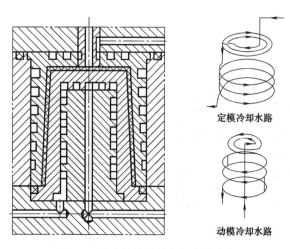

图 5-5　深腔制品内外冷却水路分布

　　图 5-6 所示为一组平面分布的冷却水路。通常开设在动定模板上。加工简单，适用于制

品质量要求不高的零件。图 5-6a 为沿制品周边分布的水路，图 5-6b 为在制品底部分布的水路，图 5-6c 为模板上连续均匀分布的水路，图 5-6d 为模板上两段均匀分布的水路，图 5-6e 为纯铜管或低熔点合金镶嵌的冷却水路，图 5-6f 为分型面分布的冷却水路。

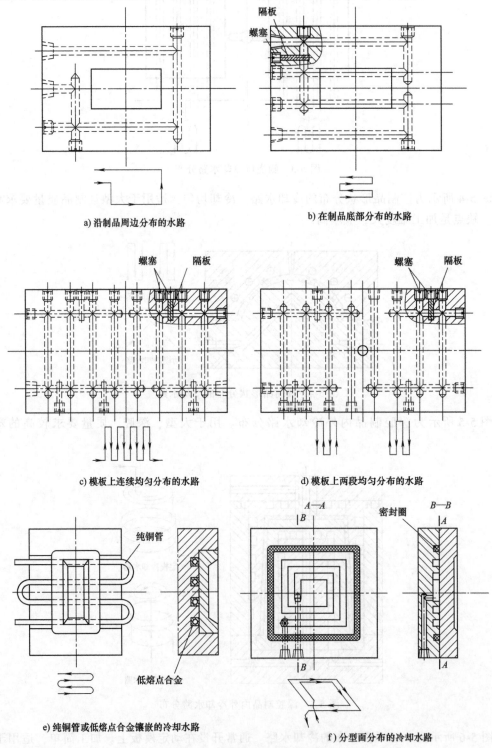

图 5-6 平面分布的冷却水路

图 5-7 所示为一组型芯冷却水路。对于大型、深腔制品,一般情况下,对型芯的冷却比对型腔的冷却更重要。塑件在注射、成型、固化时,由于冷却收缩,塑件对型芯的包紧力比型腔大,因此型芯的温度对塑件冷却的影响比型腔大得多,所以对型芯的冷却,在整个冷却

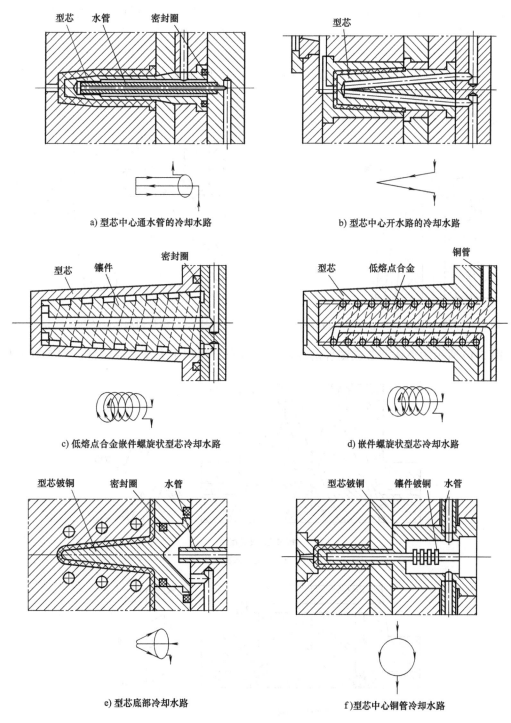

a) 型芯中心通水管的冷却水路

b) 型芯中心开水路的冷却水路

c) 低熔点合金镶件螺旋状型芯冷却水路

d) 嵌件螺旋状型芯冷却水路

e) 型芯底部冷却水路

f) 型芯中心铜管冷却水路

图 5-7 型芯冷却水路

过程中是十分重要的。图 5-7a 为型芯中心通水管的冷却水路，适用于高度较高但型芯直径较小的制品。图 5-7b 为型芯中心开水路的冷却水路，适用于高度较高、中等型芯直径的制品。图 5-7c 为低熔点合金嵌件螺旋状型芯冷却水路，冷却效果好，适用于大型、深腔、薄壁且质量要求很高的制品。图 5-7d 为嵌件螺旋状型芯冷却水路，适用于大型、深腔、薄壁且质量要求较高的制品，图 5-7e 为型芯底部冷却水路。适用于制品要求不高的细型芯冷却。图 5-7f 为型芯中心铜管冷却水路，适用于制品要求很高的细型芯冷却。

图 5-8 所示为大型深腔制品型芯冷却水路分布。型芯材料选用铜合金，冷却速度快，用于特大型深腔且制品质量要求很高的零件。

图 5-9 所示为细长侧型芯的冷却水路分布。

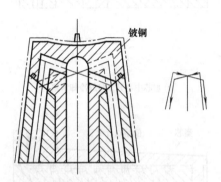

图 5-8 大型深腔制品型芯冷却水路分布

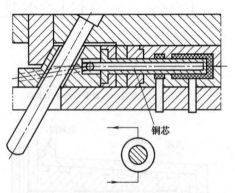

图 5-9 细长侧型芯的冷却水路分布

图 5-10 所示为整体型芯或镶件的冷却水路分布。适用于大型芯或镶件。图 5-10a 为 V

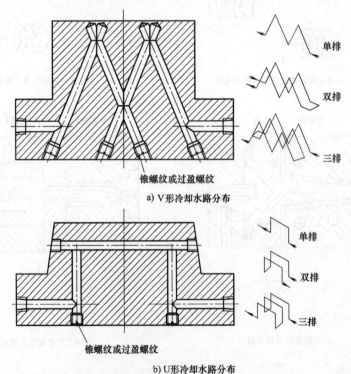

图 5-10 整体型芯或镶件的冷却水路分布

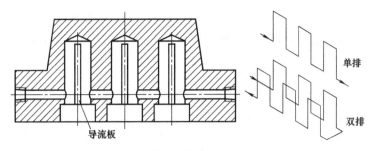

导流板

c) 多级导流板冷却水路分布

单排

双排

图 5-10　整体型芯或镶件的冷却水路分布（续）

形冷却水路分布，图 5-10b 为 U 形冷却水路分布，图 5-10c 为多级导流板冷却水路分布。

图 5-11 所示为中心顶出器的冷却水路分布。图 5-11a 适用于一般中心推杆顶出机构。图 5-11b 适用于气动顶出的中心推杆顶出机构。

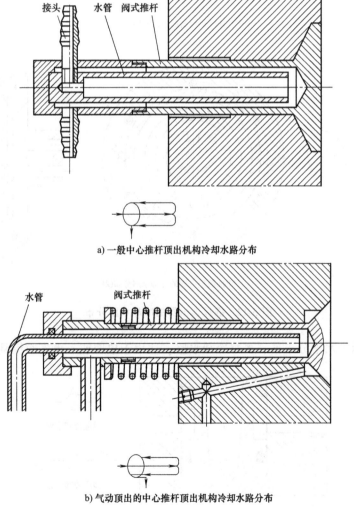

接头　水管　阀式推杆

a) 一般中心推杆顶出机构冷却水路分布

水管　阀式推杆

b) 气动顶出的中心推杆顶出机构冷却水路分布

图 5-11　中心顶出器的冷却水路分布

图 5-12 所示为推板顶出器的冷却水路分布。图 5-12a、b 为两种不同形式的推板顶出器的冷却水路分布。适用于大型制品用推板顶出机构时，冷却均匀，效果好。

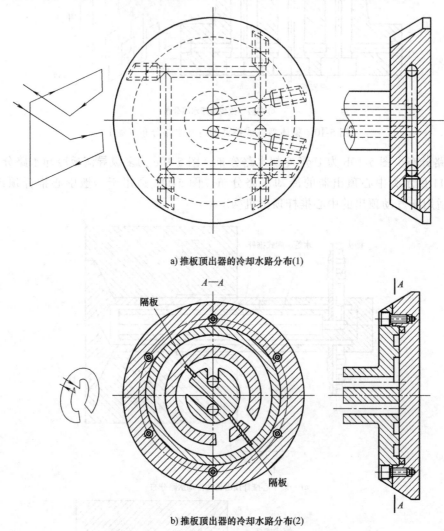

a) 推板顶出器的冷却水路分布(1)

b) 推板顶出器的冷却水路分布(2)

图 5-12　推板顶出器的冷却水路分布

图 5-13 所示为水平分布单、多腔冷却水路。适用于单腔或一模多腔模具。

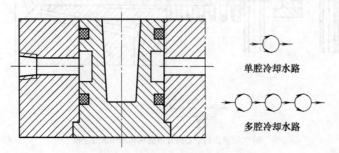

图 5-13　水平分布单、多型腔冷却水路

图 5-14 所示为圆周分布多腔冷却水路。适用于一模多腔的圆筒形制品，冷却均匀，效果好。图中：

$$L = D + 1.5H$$

$$d = \frac{L + S/n}{\sin(180°/n)}$$

式中　L——模腔中心距离；
　　　S——两水路外沿距离；
　　　H——镶件周围水路宽度；
　　　d——制品分布直径；
　　　D——镶件直径；
　　　n——模腔数。

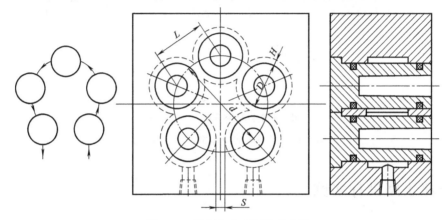

图 5-14　圆周分布多腔冷却水路

图 5-15 所示为多型芯的冷却水路分布。图 5-15a 为中心隔板冷却水路分布，图 5-15b 为中心水管冷却水路分布。

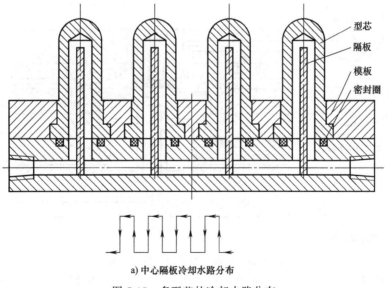

a) 中心隔板冷却水路分布

图 5-15　多型芯的冷却水路分布

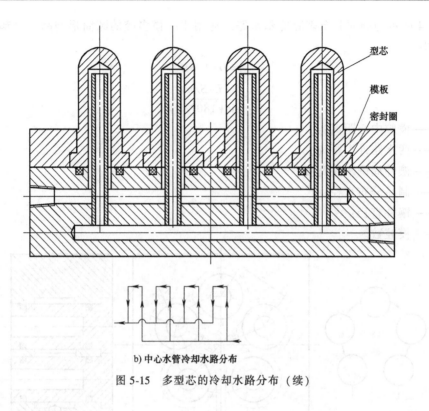

b) 中心水管冷却水路分布

图 5-15 多型芯的冷却水路分布（续）

5.2 冷却水路设计实例

图 5-16 所示为定模、型芯设置冷却水路。此例冷却均匀且冷却效果好，适用于高度不是很高、制品质量要求高的大型零件。

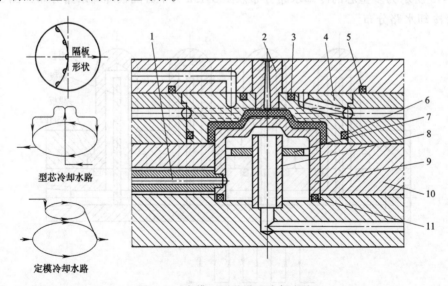

图 5-16 定模、型芯设置冷却水路

1—出水管 2—浇口套 3、5、6、11—密封圈 4—定模 7—隔板 8—喷水管 9—型芯 10—推板

图 5-17 所示为平板冷却水路（铺设冷却平板来冷却凹模）。此种冷却形式虽然冷却均匀，但冷却效果不是很好，且对模具增加额外负担，只适合于小型模具。

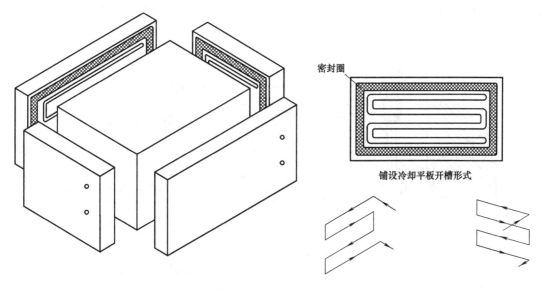

图 5-17　平板冷却水路

图 5-18 所示为单腔大型深腔制品冷却水路。此例采用在浇口套、定模、动模镶块和中心顶出机构中全方位设置冷却水路，冷却均匀且冷却效果好，适用于特大型深腔薄壁且质量要求很高的零件。

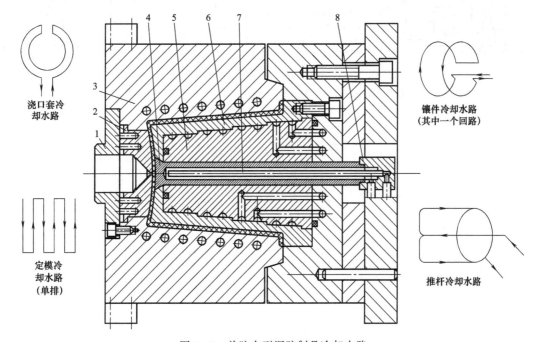

图 5-18　单腔大型深腔制品冷却水路

1—定位圈　2—浇口套　3—定模　4—推杆　5—镶件　6—型芯　7—喷水管　8—接头

图 5-19 所示为一模多腔大型深腔制品冷却水路。此例一模多腔，若直接在定模开设冷却水路，冷却不均匀且冷却效果差，成型的制品质量差。动、定模成型部分采用镶块，并在每个镶块上单独设计冷却水路，冷却均匀且效果好，常用于一模多腔大型深腔且质量要求高的零件。

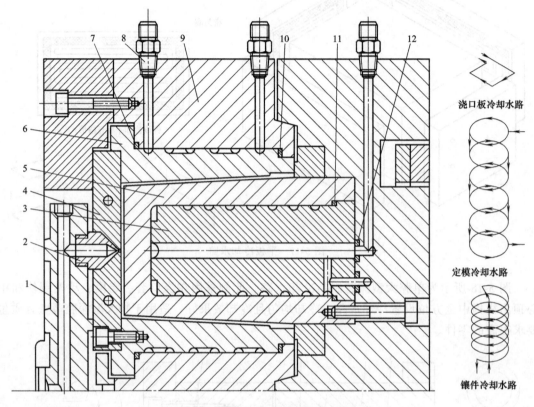

图 5-19 一模多腔大型深腔制品冷却水路

1—集流腔板 2—喷嘴 3—镶件 4—浇口板 5—型芯 6—定模

7、10~12—密封圈 8—管接头 9—模套

第2篇 实例解析

注射模实例解析

6.1　10套注射模实例详细解析

实例1：把手臂注射模

1. 制品成型工艺性分析

制品把手臂零件图如图6-1所示。从图中可以看出，Ⅰ、Ⅱ所指部分有从凹槽中凸出的圆柱体和"工"字形柱体。直接在模板上成型加工困难，所以采用镶件或型芯的组合来成型制品凸出的柱体形状，制品的外形整体也采用两个镶块组合成型，这样大大降低了模具的加工难度，改善了成形工艺。基于分型面的选择原则，一般选择制品的最大截面处为分型面。如果整个分型面选在动、定模板之间，定模部分的成型无法加工，因此动、定模板间作为主分型面，安装在动、定模板上的镶件和型腔模形成曲面分型。成型部分结构如图6-2所示。

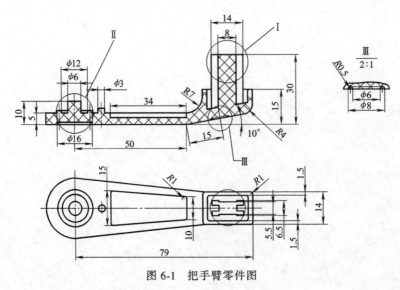

图6-1　把手臂零件图

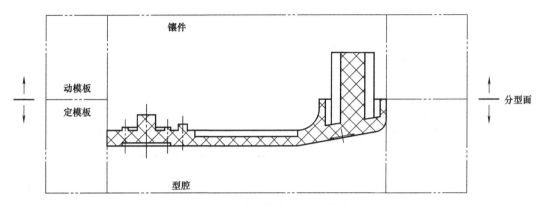

图6-2　成型部分结构示意图

2. 模具结构分析

把手臂注射模的装配图如图6-3所示，浇注系统采用潜伏式浇口。成型部分主要由镶件10、镶件11、镶件27、成型推杆22和型腔7组成，主分型面在件2和件24处分型，型腔部分由镶件10和型腔7完成曲面分型，这样组合大大简化了加工工艺，改善了成型工艺。顶杆12、顶杆13、成型推杆22和复位杆30完成顶出和复位。

制品突出的"工"字形柱体由如图6-4所示的成型推杆22和图6-5所示的镶件27组合成型。制品整体的外形由图6-6所示型腔7和图6-7所示的动模镶件10组合成型，其配合的示意图如图6-8所示，曲面分型发生在两者之间。

实例2：齿盘注射模

1. 制品成型工艺性分析

制品齿盘零件图如图6-9所示。从图中可以看出，制品整体的外形为规则的圆柱体，柱体顶部为三个椭圆和一个圆形通孔，侧面部分异形槽，制品上的20个齿均匀分布。制品上的三个椭圆孔和圆形通孔的距离太近，若在同一个型芯成型加工比较困难，因此圆形通孔和异形槽由同一型芯成型，三个椭圆通孔由另一个型芯成型，制品的齿和外形由型腔模成型。分型面及其型芯和型腔模的分布示意图如图6-10所示。

2. 模具结构分析

齿盘注射模的装配图如图6-11所示。浇注系统采用侧浇口。成型部分由定模型腔模15、型芯4和型芯11成型。顶出机构采用推板顶出机构，顶出平稳可靠。

制品的齿主要由如图6-12所示的型腔模15成型，采用电火花加工，可简化加工工艺。制品顶部中心的通孔和侧面的异形槽由型芯11成型，如图6-13所示。齿盘顶部的椭圆通孔和内腔由型芯4成型，如图6-14所示。整体模具结构紧凑，加工简单。

实例3：带轮注射模

1. 制品成型工艺性分析

带轮零件图如图6-15所示，从图中可以看出，Ⅰ处所指部分是一个圆环形状，通过型芯就可成型。图中Ⅱ处所指部分是呈阶梯分布的带轮凹槽，若采用型腔模直接成型，由于制品有内凹，不易脱模，因此采用侧抽芯机构来成型，考虑到制品的凹槽呈环形，所以采用斜

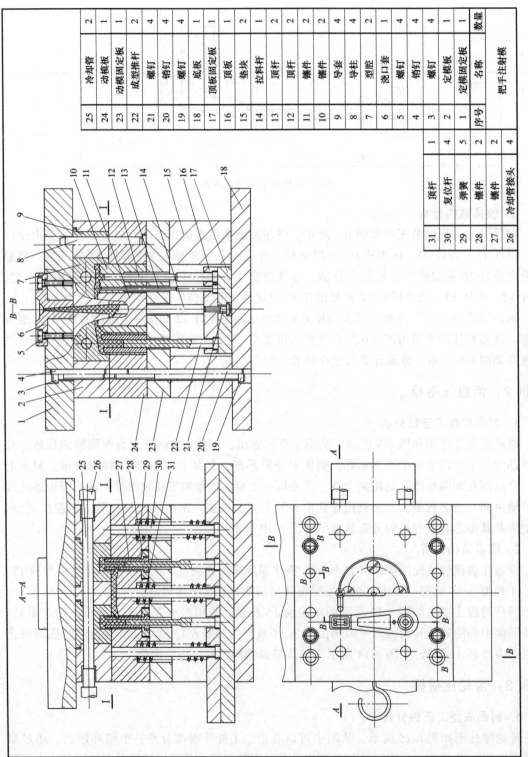

序号	名称	数量
25	冷却管	2
24	动模板	1
23	动模固定板	1
22	成型推杆	2
21	螺钉	4
20	销钉	4
19	螺钉	4
18	底板	1
17	顶板固定板	1
16	顶板	1
15	垫块	2
14	拉料杆	1
13	顶杆	2
12	顶杆	2
11	镶件	2
10	镶件	2
9	导套	4
8	导柱	4
7	型腔	2
6	浇口套	1
5	螺钉	4
4	销钉	4
3	螺钉	4
2	定模板	1
1	定模固定板	1

把手注射模

31	顶杆	1
30	复位杆	4
29	弹簧	5
28	镶件	2
27	镶件	2
26	冷却管接头	4

图 6-3 把手臂注射模

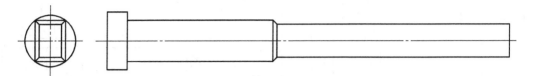

图 6-4 成型推杆 22 零件图

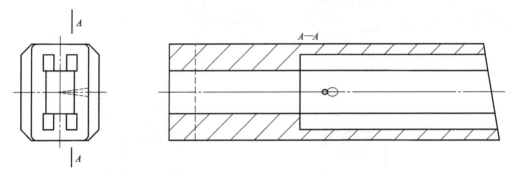

图 6-5 镶件 27 零件图

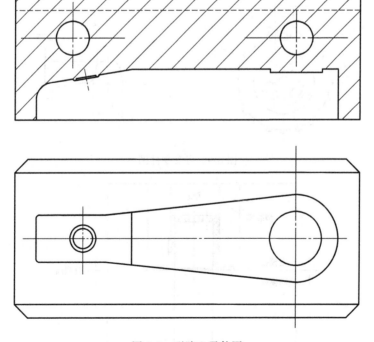

图 6-6 型腔 7 零件图

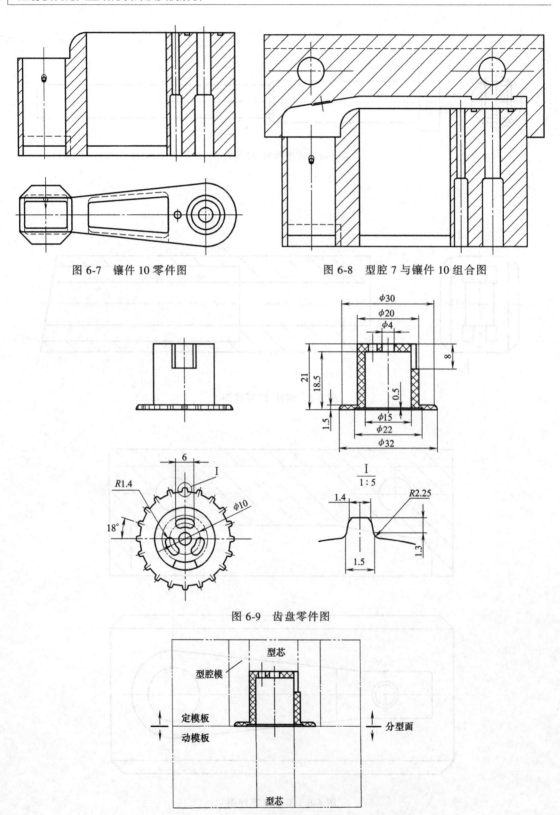

图 6-7 镶件 10 零件图

图 6-8 型腔 7 与镶件 10 组合图

图 6-9 齿盘零件图

图 6-10 分型面及其型芯和型腔模的分布示意图

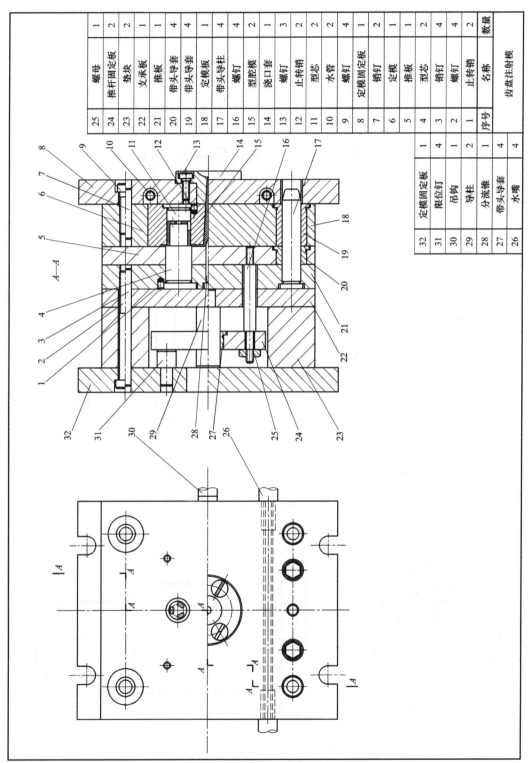

序号	名称	数量
25	螺母	1
24	推杆固定板	2
23	垫块	2
22	支承板	1
21	推板	1
20	带头导套	4
19	带头导套	4
18	定模板	1
17	带头导柱	4
16	螺钉	4
15	型腔模	2
14	浇口套	1
13	螺钉	3
12	止转销	2
11	型芯	2
10	水管	2
9	螺钉	4
8	定模固定板	1
7	销钉	2
6	定模	1
5	推板	1
4	型芯	2
3	销钉	4
2	螺钉	4
1	止转销	2

32	定模周定板	1
31	限位钉	4
30	吊钩	1
29	导柱	2
28	分流锥	1
27	带头导套	4
26	水嘴	4

齿盘注射模

图 6-11　齿盘注射模

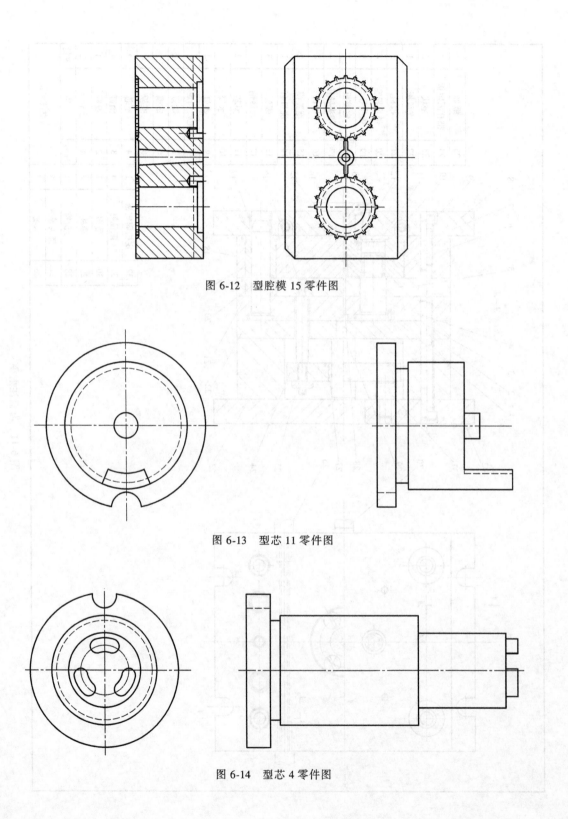

图 6-12 型腔模 15 零件图

图 6-13 型芯 11 零件图

图 6-14 型芯 4 零件图

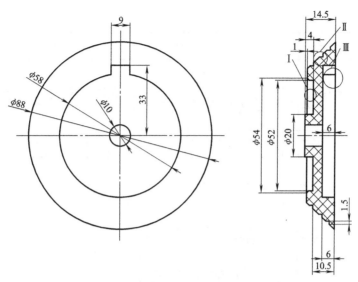

图 6-15　带轮零件图

滑块侧抽芯机构成型整个外形。制品中Ⅲ处所指的部分的空腔和键槽通过型芯和镶块的配合成型。这样大大降低了模具的加工难度，改善了成型工艺。模具的分型面及型芯、镶块和斜滑块的分布示意图如图 6-16 所示。

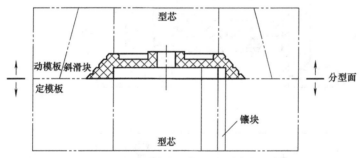

图 6-16　型芯、镶块和斜滑块的分布示意图

2. 模具结构分析

带轮注射模装配图如图 6-17 所示，因制品中心有个直径为 10mm 的小孔，故浇注系统采用分流式浇口。带轮外形采用斜滑块侧抽芯机构成型，斜滑块 7、8 零件组合图如图 6-18 所示。制品上带有键槽的孔由型芯 15 和镶块 13 组合成型，型芯 15 和镶块 13 如图 6-19、图 6-20 所示，组合成型简化了加工工艺。整体模具结构简单、可靠、紧凑。

实例 4：方孔过滤罩注射模

1. 制品成型工艺性分析

制品方孔过滤罩零件图如图 6-21 所示。从图中可以看出，制品四周均匀分布有方孔，圆拱形顶部分布有圆孔。制品四周均匀分布的方孔若在模板上直接成型，制品将无法脱模，故采用斜导柱侧抽芯机构成型制品四周均匀分布的方孔和外形。成型部分结构示意图如图 6-22 所示。

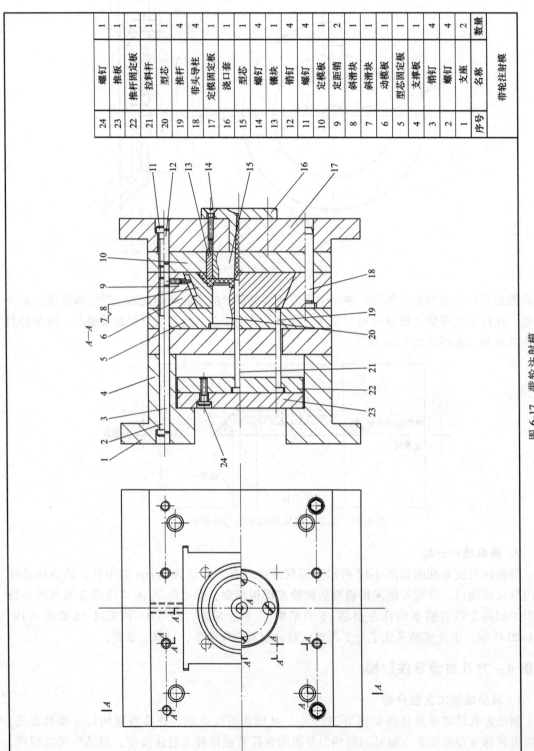

序号	名称	数量
24	螺钉	1
23	推板	1
22	推杆固定板	1
21	拉料杆	1
20	型芯	1
19	推杆	4
18	带头导柱	4
17	定模固定板	1
16	浇口套	1
15	型芯	1
14	螺钉	4
13	镶块	1
12	销钉	4
11	螺钉	4
10	定模板	1
9	定距销	2
8	斜滑块	1
7	斜滑块	1
6	动模板	1
5	型芯固定板	1
4	支撑板	1
3	销钉	4
2	螺钉	4
1	支座	2
	带轮注射模	

图 6-17 带轮注射模

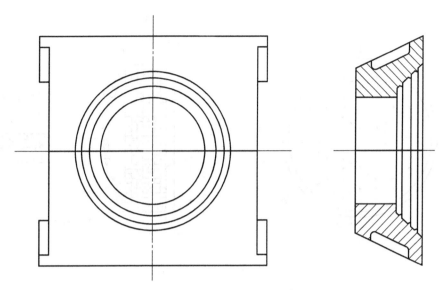

图 6-18 斜滑块 7、8 零件组合图

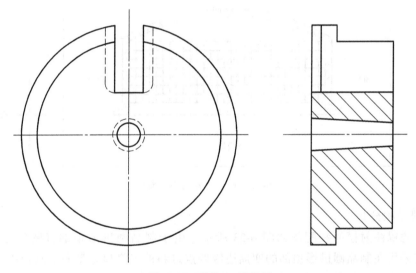

图 6-19 型芯 15 零件图

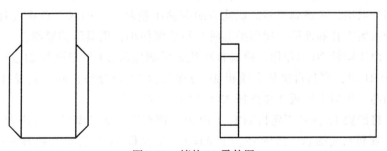

图 6-20 镶块 13 零件图

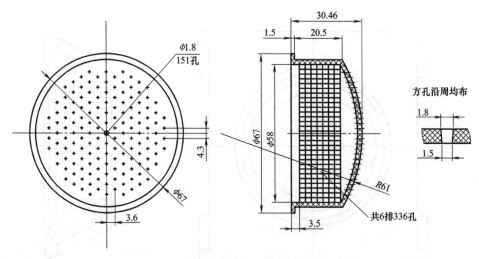

图 6-21　方孔过滤罩零件图

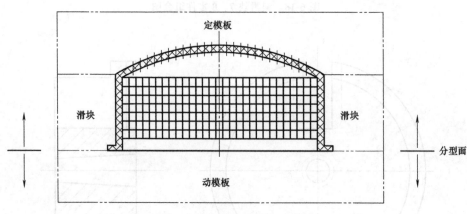

图 6-22　成型部分结构示意图

2. 模具结构分析

方孔过滤罩注射模的装配图如图 6-23 所示，由于制品圆拱形顶部有密集分布的小孔，故浇注系统采用在制品圆拱形顶部的四周边缘四点进料的点浇口。型芯 3 直径小，为了提高小型芯的成型强度，将其从定模板 21 伸入装配到型芯 3 内部。

为了便于加工，定模分为两个部分，分别由定模板 21 和定位块 6、滑块 15 构成。制品主要在定模部分成型。考虑到型芯滑块能否顺利抽出制品，采用八块滑块（件 15）成型制品四周均匀分布的方孔和外形，使侧抽芯时对制品损伤小，模具结构紧凑。

开模时，由于弹簧 20 的作用，模具首次从定模固定板 19 与定模板 21 处分型，当拉杆 24 拉住定模板 21 时，模具再次从定模板 21 与动模板 23 处分型，同时斜导柱 16 抽出滑块 15，完成侧抽芯。最后由推板 2 在推杆 33 作用下完成脱模。

定位块 6 将滑块 15 固定于定模固定板 19 上，使在第二次开型时，滑块 15 能在定位块 6 的槽中滑动，顺利完成抽芯。滑块 15、定位块 6、定模板 21 的装配关系如图 6-24 所示，定位块 6 零件图如图 6-25 所示，滑块 15 零件图如图 6-26 所示。

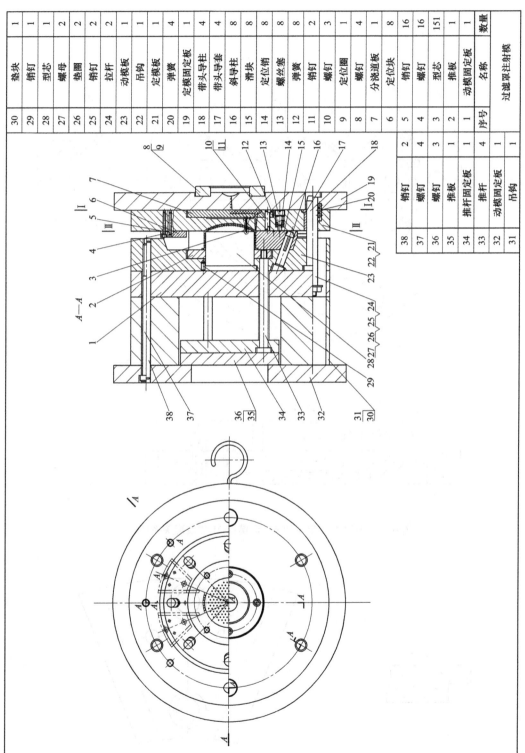

图 6-23　方孔过滤罩注射模

30	垫块	1
29	销钉	1
28	型芯	1
27	螺母	2
26	垫圈	2
25	销钉	2
24	拉杆	2
23	动模板	1
22	吊钩	1
21	定模板	1
20	弹簧	4
19	定模固定板	1
18	带头导柱	4
17	带头导套	4
16	斜导柱	8
15	滑块	8
14	定位销	8
13	螺丝塞	8
12	弹簧	8
11	销钉	2
10	螺钉	3
9	定位圈	1
8	螺钉	4
7	分流道板	1
6	定位块	8
5	销钉	16
4	螺钉	16
3	型芯	151
2	推板	1
1	动模固定板	1
序号	名称	数量

过滤罩注射模

38	销钉	2
37	螺钉	4
36	螺钉	3
35	推杆固定板	1
34	推杆	1
33	推板	4
32	动模固定板	1
31	吊钩	1

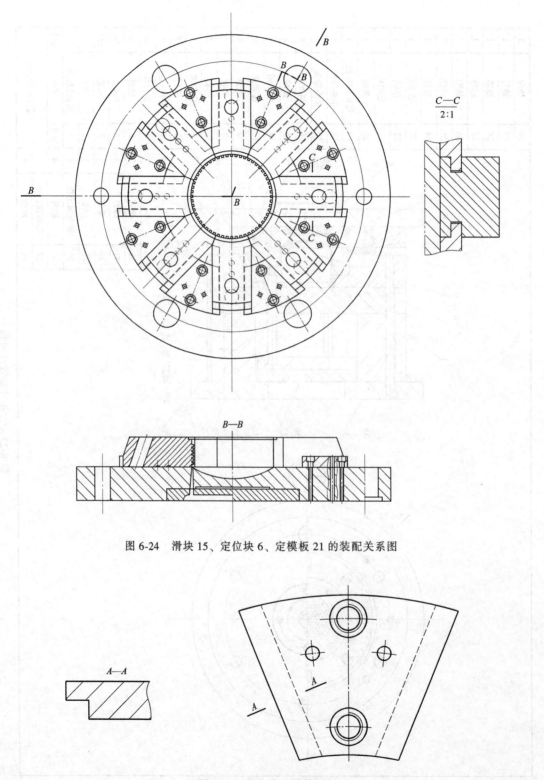

图 6-24　滑块 15、定位块 6、定模板 21 的装配关系图

图 6-25　定位块 6 零件图

实例5　盒盖注射模

1. 制品成型工艺性分析

制品盒盖的零件图如图 6-27 所示，从图中可以看出制品的外形简单，可直接在动、定模板成型，而制品内部四边有四个卡扣，若直接在动模板上成型则会导致成型后制品内侧不易脱模，需用内侧抽芯机构才能使制品成型后顺利脱模，由于内侧卡扣很浅，抽芯距离和抽拔力很小，因此内侧采用四根斜顶杆成型，在开模后斜顶杆沿顶出方向运动，同时也向内侧运动，从而实现内侧抽芯，便可取下制品。

2. 模具结构分析

盒盖注射模具装配图如图 6-28 所示。为了保证盒盖的外观质量，模具的浇注系统采用点浇口。成型部分由定模板 16、动模板 13 和斜推杆 3 组成，顶出机构由安装在推板 8 上的支架 6 和斜推杆 3 组

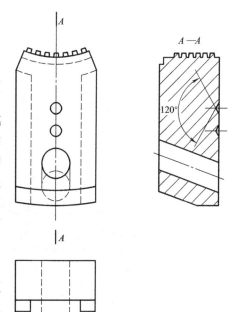

图 6-26　滑块 15 零件图

成。在顶出过程中，斜推杆沿顶出方向运动，带动销钉在支架的 U 形槽内滑动，从而使斜顶杆实现在顶出的同时向内移动完成侧抽芯。

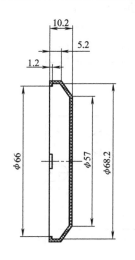
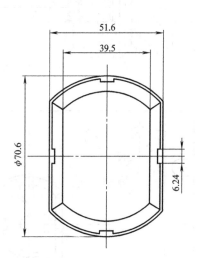

图 6-27　盒盖零件图

成型卡扣的斜推杆 3 如图 6-29 所示，安装斜推杆的支架 6 如图 6-30 所示。

实例6：镜头盖注射模

1. 制品成型工艺性分析

制品镜头盖零件图如图 6-31 所示，从图中可以看出，制品的外形是一个规则的圆柱壳体，通过型芯和型腔模配合成型，侧面有两个方通孔，考虑用常用的斜拉杆侧抽芯机构成

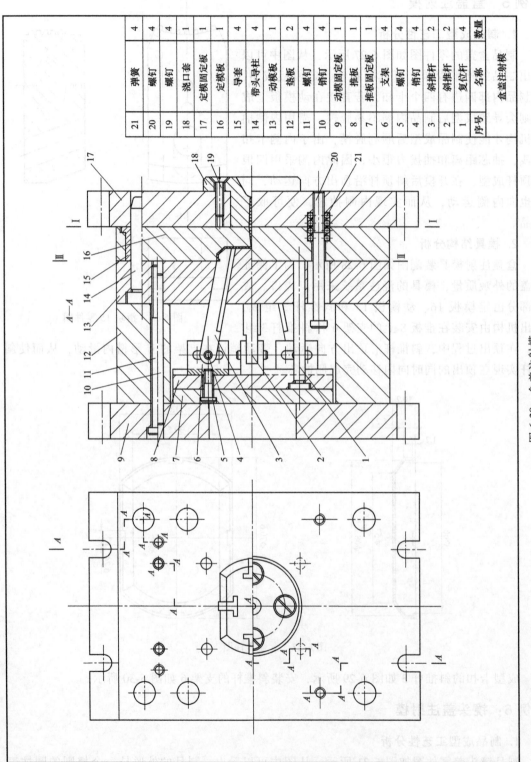

序号	名称	数量
21	弹簧	4
20	螺钉	4
19	螺钉	4
18	浇口套	1
17	定模固定板	1
16	定模板	1
15	导套	4
14	带头导柱	4
13	动模板	1
12	垫板	2
11	螺钉	4
10	销钉	4
9	动模固定板	1
8	推板	1
7	推板固定板	1
6	支架	4
5	螺钉	4
4	销钉	4
3	斜推杆	2
2	斜推杆	2
1	复位杆	4

图 6-28　盒盖注射模

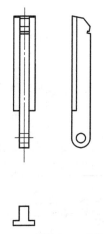

图 6-29 斜推杆 3 零件图

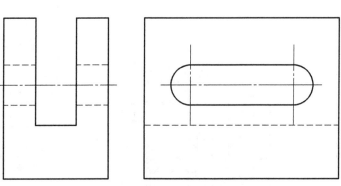

图 6-30 支架 6 零件图

型。由于制品的外观要求高，表面不允许留有进料痕迹，因此进料口只能选择在制品壳体的内腔，综合分析，分型面及型腔模、型芯、浇口的分布示意图如图 6-32 所示。这样会使得制品对有浇道的型芯形成很大的包紧力，开模后制品留在了定模部分，故考虑在定模设计顶出机构。

2. 模具结构分析

镜头盖注射模装配图如图 6-33 所示。模具的浇注系统选择点浇口，由浇口套 19 和型芯 20 组成，成型部分由型芯 4、型芯 20、型腔模 5 和镶块 13 组成，顶出过程中斜拉杆 12 带动滑块 10 在型芯固定板 15 中

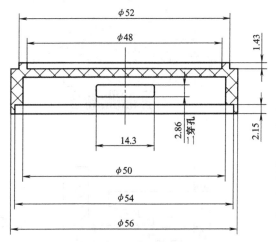

图 6-31 镜头盖的零件图

做径向运动，当型芯固定板 15 与限位杆 2 接触后，模具继续开模，点浇口被拉断，模具继续开模，底板 1 拉动拉伸弹簧 21 到一定程度时，推板 14 继续运动会将留在型芯上的制品脱出，最终推板 14 被限位杆 2 勾住。

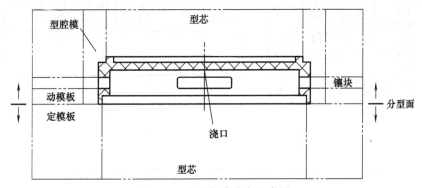

图 6-32 成型部分分布示意图

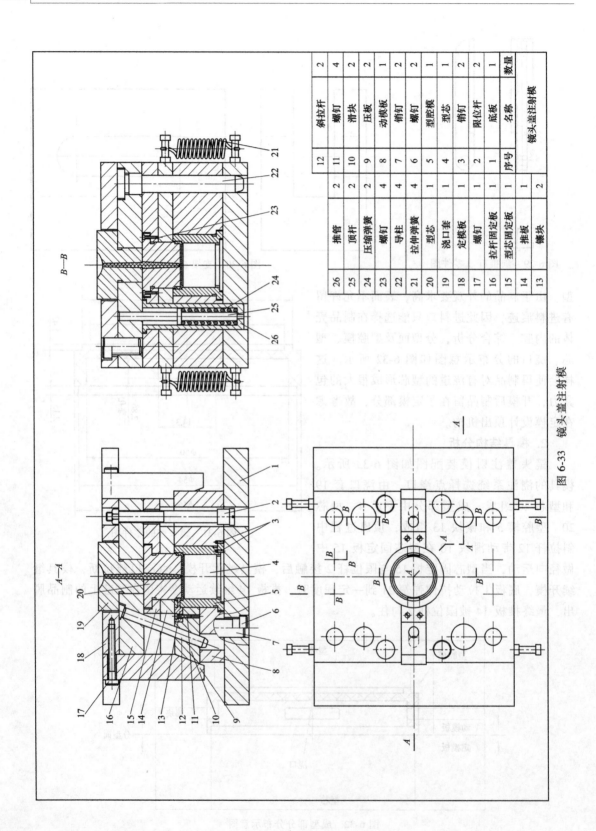

序号	名称	数量
12	斜拉杆	2
11	螺钉	4
10	滑块	2
9	压板	2
8	动模板	1
7	销钉	2
6	螺钉	2
5	型腔模	1
4	型芯	1
3	销钉	2
2	限位杆	2
1	底板	1

镜头盖注射模

序号	名称	数量
26	推管	2
25	顶杆	2
24	压缩弹簧	2
23	螺钉	4
22	导柱	4
21	拉伸弹簧	4
20	型芯	1
19	浇口套	1
18	定模板	1
17	螺钉	1
16	拉杆固定板	1
15	型芯固定板	1
14	推板	1
13	镶块	2

图 6-33 镜头盖注射模

如图 6-34 所示为成型镜头盖内腔的型芯 20，其外形由如图 6-35 所示的型芯 4 和图 6-36 所示的型腔模 5 成型，制品侧面的穿孔由图 6-37 所示的镶块 13 成型，安装镶块的斜滑块 10 如图 6-38 所示。

实例 7：试管注射模

1. 制品成型工艺性分析

制品试管零件图如图 6-39 所示。从图中可以看出，制品结构简单，长径比大，制品壁较薄，适用于点浇口浇注系统。制品成型部分结构示意图如图 6-40 所示。图 6-40a 为制品在型腔中沿开模方向布置，分型面选择在制品最大直径处，采用点浇口时需要二次开型且定模板厚度较大，导致开模行程大，需选用大型号机床成型，生产效率不高。图 6-40b 为沿制品轴线分型，开模行

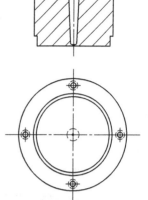

图 6-34　型芯 20 零件图

程短，可选用小型号机床一模多腔成型，生产效率相对较高。但需要侧抽芯机构，手动辅助脱模可解决抽芯距离过长的问题。

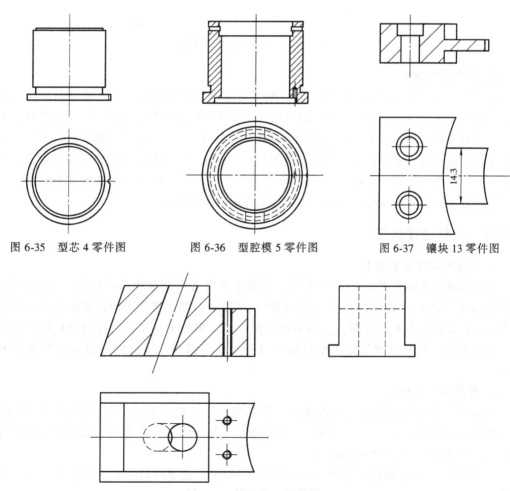

图 6-35　型芯 4 零件图　　图 6-36　型腔模 5 零件图　　图 6-37　镶块 13 零件图

图 6-38　斜滑块 10 零件图

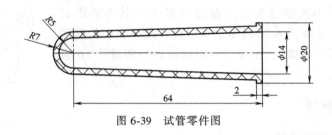

图 6-39 试管零件图

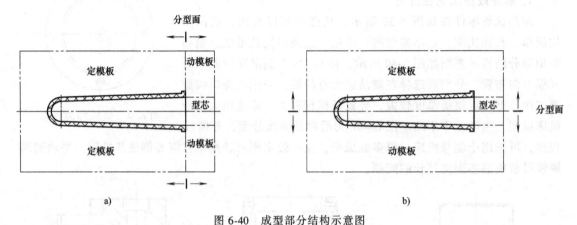

图 6-40 成型部分结构示意图

2. 模具结构分析

试管注射模的装配图如图 6-41 所示，模具安装在立式机床上。开模后在斜导柱 3 的作用下，型芯 1 抽出一小段距离，直至斜导柱 3 完全离开固定摆块 4 与滑块 7，此时型芯 1 与制品之间有一定的间隙。停止抽芯后继续开模，顶杆 12 将制品与固定摆块 4、型芯 1 一同向上顶出动模型腔。此时制品已脱离动模型腔，又已松动，操作员可轻松将制品取下。固定摆块 4 装配在滑块 7 中，轴销 6 使不同滑块之间实现联动，方便顶杆 12 将其顶出。固定摆块 4 的零件图如图 6-42 所示，滑块 7 的零件图如图 6-43 所示。

实例 8：大棘轮注射模

1. 制品成型工艺性分析

制品大棘轮的零件图如图 6-44 所示，从图中可以看出制品为多段圆弧组成的异形件，中间带圆孔，侧面 24 齿均匀分布。多段圆弧、线段组合的加强肋若直接在模板上加工难度较大，所以采用镶块配合成型，侧面的齿单独在一块模板上加工，这样使得模具的结构简单、加工容易，模具成型性好。模具的分型面及成型镶块、模板的分布示意图如图 6-45 所示。

2. 模具结构分析

大棘轮注射模装配图如图 6-46 所示，模具的浇注系统采用圆形浇口以利于均匀充模，成型部分由定模镶块 5 和 6、动模板 3、动模镶块 9 和 10、型芯 8 组成，顶出机构由推杆固定板 19、推杆 23、24 和 25 组成。

定模镶块 5、6 的零件图如图 6-47 和图 6-48 所示，成型的动模板如图 6-49 所示，动模镶块 10 如图 6-50 所示。

序号	名称	数量
31	浇口套	1
30	螺钉	4
29	定位环	1
28	销钉	4
27	螺钉	6
26	定模固定板	4
25	导套	4
24	导柱	4
23	螺钉	6
22	销钉	4
21	复位杆	6
20	拉料杆	1
19	垫块	2
18	螺钉	8
17	支承柱	4
16	销钉	4
15	底板	1
14	顶板固定板	1
13	顶板	1
12	顶杆	8
11	动模固定板	1
10	动模板	1
9	螺钉	6
8	限位挡板	2
7	滑块	2
6	轴销	4
5	定位板	1
4	固定楔块	8
3	斜导柱	8
2	固定销	8
1	型芯	8
序号	名称	数量

试管注射模

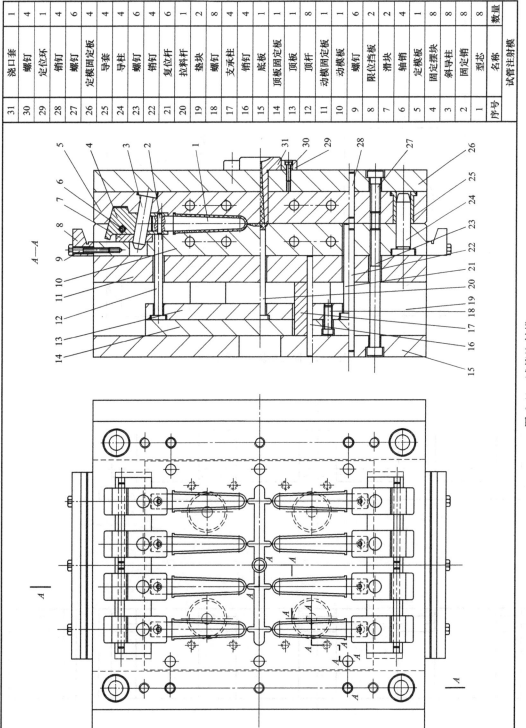

图 6-41 试管注射模

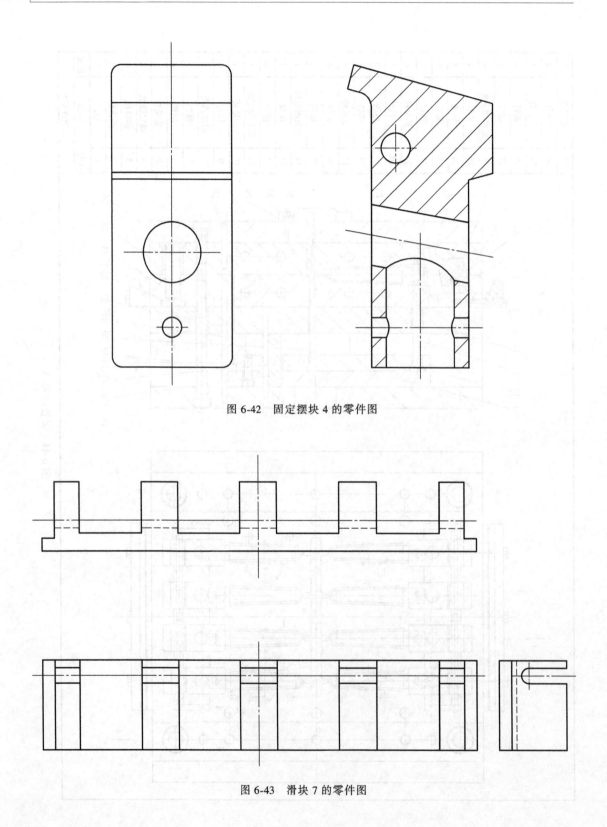

图 6-42　固定摆块 4 的零件图

图 6-43　滑块 7 的零件图

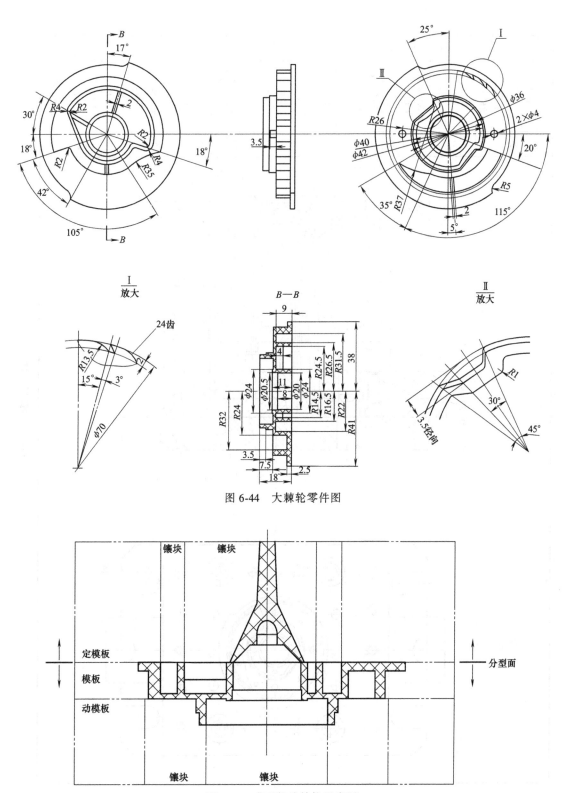

图 6-44 大棘轮零件图

图 6-45 成型部分结构示意图

序号	名称	数量
29	垫块	2
28	螺钉	6
27	复位杆	4
26	动模垫板	1
25	推杆	2
24	推杆	5
23	推杆	2
22	动模固定板	1
21	带头导套	4
20	螺钉	4
19	推杆固定板	1
18	带头导柱	4
17	推板	1
16	销钉	2
15	螺钉	2
14	销钉	2
13	螺钉	2
12	导柱	4
11	导套	4
10	动模镶块	1
9	动模镶块	1
8	型芯	1
7	浇口套	1
6	定模镶块	1
5	定模镶块	1
4	动模板	1
3	动模板	1
2	定模板	1
1	定模固定板	1
	大棘轮注射模	

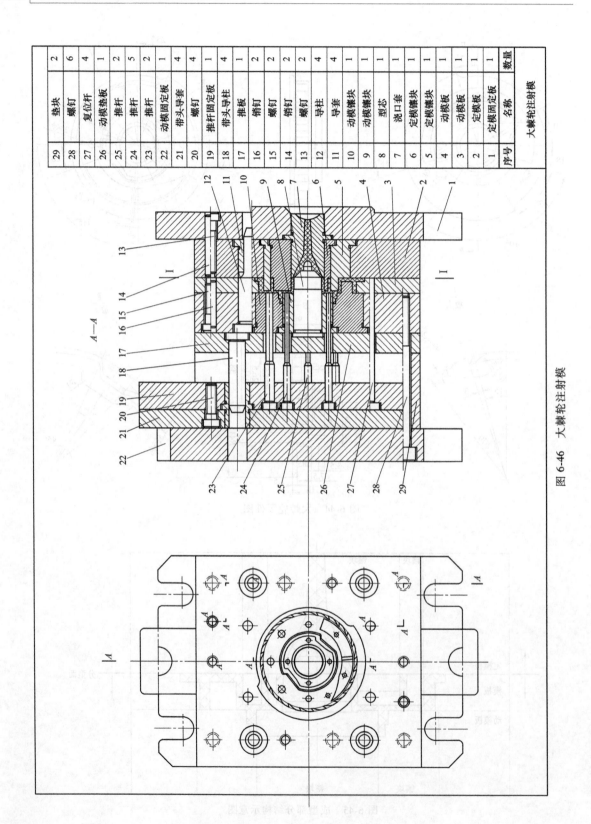

图 6-46 大棘轮注射模

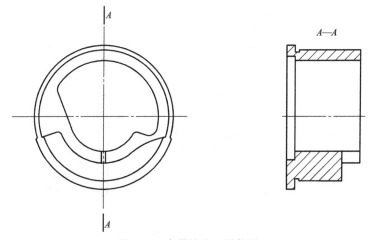

图 6-47　定模镶块 5 零件图

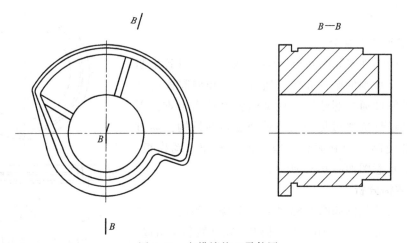

图 6-48　定模镶块 6 零件图

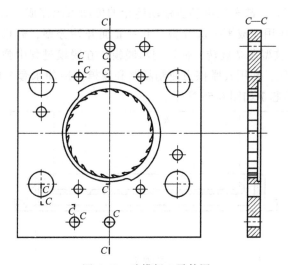

图 6-49　动模板 3 零件图

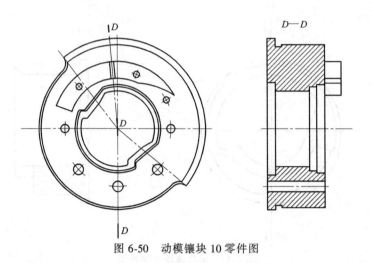

图 6-50 动模镶块 10 零件图

实例 9：桶盖注射模

1. 制品成型工艺性分析

制品桶盖的零件图如图 6-51 所示。从图中可以看出制品的外形是一个规则的圆柱壳体，通过型芯和型腔模就可成型；内侧的螺纹通过螺纹型芯成型但脱模较为困难，因此将螺纹型芯设计成通过传动系统带动旋转的机构，通过旋转螺纹型芯使制品顺利脱模。模具的型腔模、动模板、螺纹型芯分布示意图如图 6-52 所示。

2. 模具结构分析

桶盖注射模装配图如图 6-53 所示。其浇注系统采用了点浇口。成型部分由型芯 10、型腔模 9、螺纹型芯 7 组成。冷却系统采用动、定模加型芯共同冷却，冷却均匀，效果

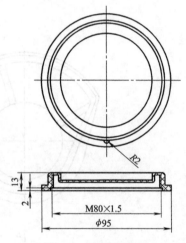

图 6-51 桶盖零件图

好。考虑到螺纹型芯较大，故采用电动机带动链轮的传动系统完成。开模时，Ⅰ—Ⅰ面首先分型，直到垫圈 18 起作用完成第一次开型，Ⅱ—Ⅱ面开始分型，开模完毕后，通过电动机带动链轮 2，从而使螺纹型芯 7 旋转，使得制品脱模，在脱模过程中弹簧 17 推动动模 6，使衬套 12 始终与制品接触，利用其摩擦力使制品顺利脱模。冷却水套 3 的零件图如图 6-54 所示，成型螺纹的螺纹型芯 7 如图 6-55 所示。

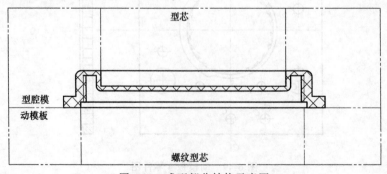

图 6-52 成型部分结构示意图

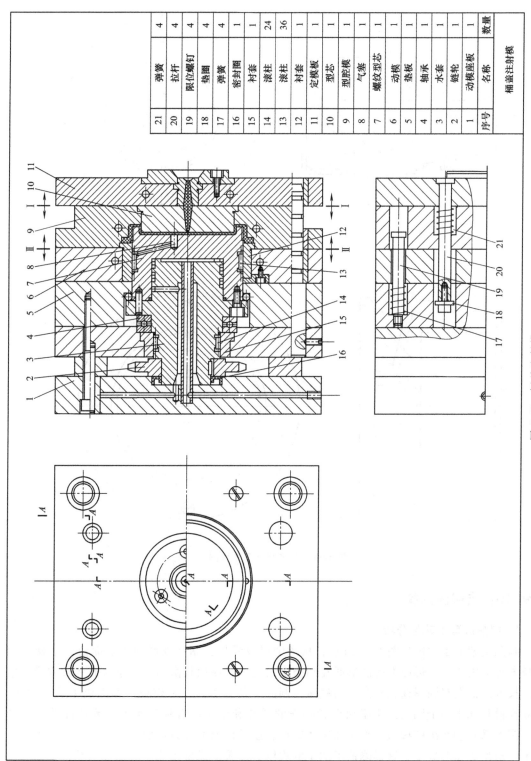

序号	名称	数量
21	弹簧	4
20	拉杆	4
19	限位螺钉	4
18	垫圈	4
17	弹簧	4
16	密封圈	1
15	衬套	1
14	滚柱	24
13	滚柱	36
12	衬套	1
11	定模板	1
10	型芯	1
9	型腔模	1
8	气塞	1
7	螺纹型芯	1
6	动模	1
5	垫板	1
4	轴套	1
3	水套	1
2	链轮	1
1	动模座板	1

桶盖注射模

图6-53 桶盖注射模

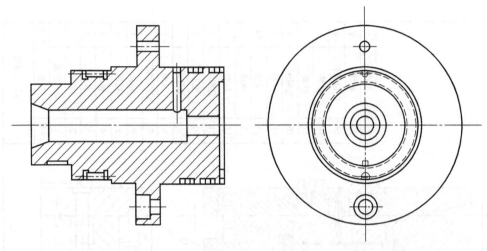

图 6-54　水套 3 零件图

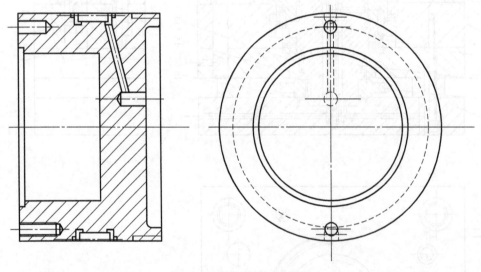

图 6-55　螺纹型芯 7 零件图

实例 10：支架注射模

1. 制品成型工艺性分析

制品支架的零件图如图 6-56 所示，从图中可以看出，制品外形的水平面由一个梯形面和长方形面组成，梯形面上有圆形通孔和凸出的棱边。侧面是由两个三角形面和长方形面组成，长方形面上有圆形通孔和凸出的柱体。制品的外形若直接在模板上加工成型较为困难，因此在模板加工一个同制品水平面形状一样的通孔和镶块配合成型水平面和侧面的三角形面，圆形通孔和凸出的棱边由型芯和镶块成型，制品侧面的长方形面、圆形通孔和凸出的柱体由斜滑块和型芯成型，这样降低了加工的难度，改善了成型工艺。成型部分结构示意图如图 6-57 所示。

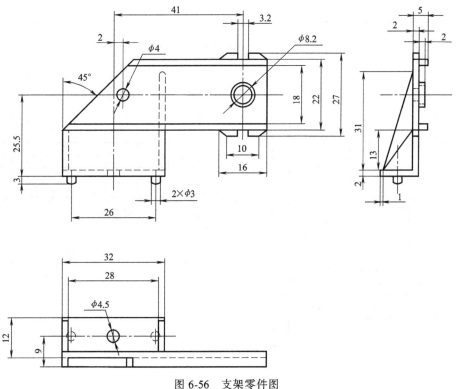

图 6-56 支架零件图

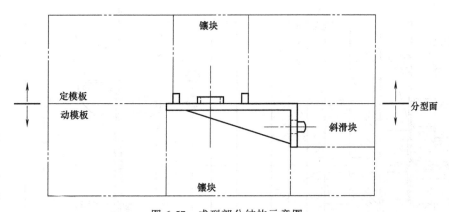

图 6-57 成型部分结构示意图

2. 模具结构分析

支架注射模如图 6-58 所示，此套模具采用了一模两腔，浇注系统选用了侧浇口由浇口套 7 和螺钉 8 组成，成型部分主要由定模镶块 6、动模镶块 18、型芯 5、型芯 25、动模板 24、斜滑块 10、型芯 4 组成，顶出机构为顶杆顶出。

成型制品凸出棱边的定模镶块 6 如图 6-59 所示，图 6-60 所示的斜滑块 10 成型制品的侧面，成型制品表面和侧面动模镶块 18 如图 6-61 所示，图 6-62 所示的是安装镶块和斜滑块的动模板 24。

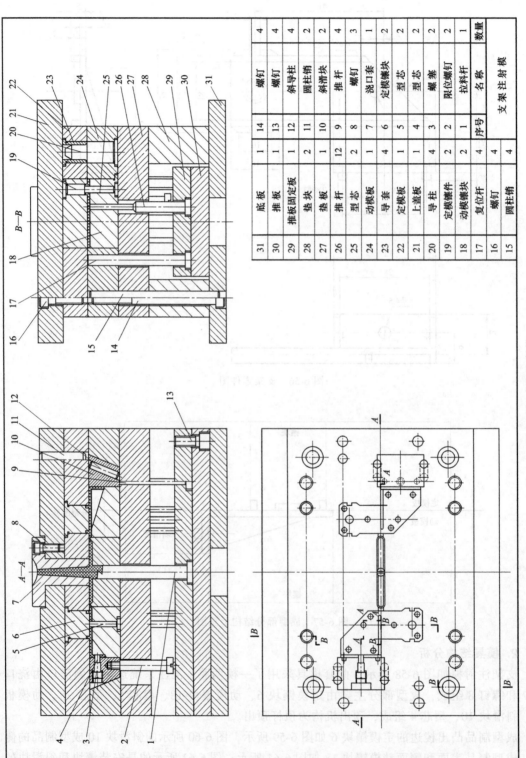

序号	名称	数量
14	螺钉	4
13	螺钉	4
12	斜导柱	4
11	圆柱销	2
10	斜滑块	2
9	推杆	4
8	螺钉	3
7	浇口套	1
6	定模镶块	2
5	型芯	2
4	型芯	2
3	螺塞	2
2	限位螺钉	2
1	拉料杆	1

序号	名称	数量
31	底板	1
30	推板	1
29	推板固定板	1
28	垫块	2
27	垫板	1
26	推杆	12
25	型芯	2
24	动模板	1
23	导套	4
22	定模板	1
21	上盖板	1
20	导柱	4
19	定模镶件	2
18	动模镶块	2
17	复位杆	4
16	螺钉	4
15	圆柱销	4

支架注射模

图 6-58　支架注射模

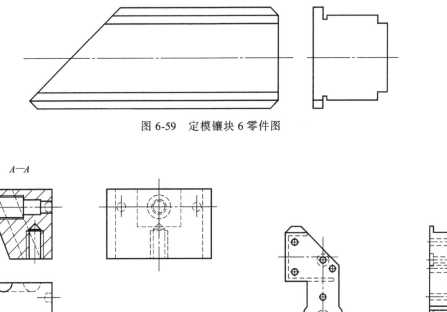

图 6-59　定模镶块 6 零件图

图 6-60　斜滑块 10 零件图

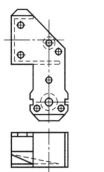

图 6-61　动模镶块 18 零件图

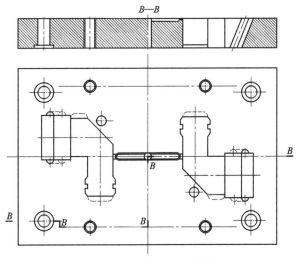

图 6-62　动模板 24 零件图

6.2　10 套注射模实例简要解析

内容见文后插页图 6-63~图 6-74。